擺盤設計
解構全書

6大設計概念 x 94種基本構圖與活用實例

町山千保

LaVie⁺麥浩斯

在食品調理搭配師的工作中，最需要想像力、最考驗美感的就是「擺盤」。

因為這份工作的關係，我得以在各種場合和環境中擺盤，並依據情況挑選最適合的食器、食材。擺盤時我會一邊思考完成後的情況，像是在餐桌上的平衡感、用餐時的對話等。除了當地的傳統和習慣，也會根據自我感覺以及客人的要求加以變化。

可能有人會覺得，將這些事情化為文字是小題大作，但其實，擺盤是設計元素的複合體，能帶來視覺上的效果。

為了讓品嘗料理的人感到驚喜、營造溫馨的氛圍、希望能讓客人感覺放鬆……擺盤的背後除了各式各樣的心意，還隱藏著設計與視覺的要素。

本書將把各種設計元素以料理來替換，讓大家了解視覺效果的呈現，並加以比較。希望能為翻閱本書的你帶來靈感，拓展想像力的世界。

食品調理搭配師（Food Coordinator）
町山千保

閱讀本書前

‧書中的擺盤是以西餐為基準來構想。
‧16～27頁記載的盤子尺寸皆是以書中使用的盤子為基準，僅提供參考。
‧本書的測量單位如下：
　　一小匙＝5 ml　一大匙＝15 ml　一杯＝200 ml（1 ml＝1 cc）

第 1 章

構思擺盤的方法

擺盤被認為是影響料理味道的一大要因，但是嚴格來講，擺盤並沒有明確的法則，多是依照傳統、習慣技法和當下的感性去構思。也因此，本書希望能從視覺的角度探討，藉由設計的原理讓擺盤更有視覺效果。

本書要談的擺盤

本書要談的擺盤

本書是從設計原理來構思擺盤。

一談到設計，大家可能會認為是「裝飾表面」或「樣式和圖案的計畫」，但設計原本的意思並非如此。設計（design）一詞來自拉丁文「designare」，意思是「以記號來表示計畫」，廣義解釋就是「表現出新事物的計畫」，可以說和料理的本質相近，下廚者的目的與職責，就是做出讓人感到幸福的美味料理。

人以五感感受美味
視覺負責判斷開動前的美味

所謂的美味，並不是單純以味道來判斷，而是包含料理的味道（食物的物理性質）、用餐環境，享用者的心理狀態以及累積至今的經驗與知識，各種情報在腦中整合後做出的判斷。

我們以五感感受著美味，味道（味覺）、香氣（嗅覺）、外觀（視覺）、口感（觸覺），還有烹調時的聲音、咀嚼音（聽覺）互相作用，大腦接收這些資訊後，依據以往的記憶和學習判斷其價值，最後再根據產生的心理、生理變化，決定美味的程度。

在這之中，視覺的影響最大。

比如說，在碗中堆成小山狀的白飯看起來比平鋪的白飯來得誘人，或是光看到梅乾就覺得嘴酸、產生唾液，我想大家都有這類經驗。

食物的顏色、形狀、光澤、擺盤等視覺情報，是在開動前左右美味的要因。也就是說當料理上桌時，如果是能夠刺激食慾的擺盤，就會將「看起來很好吃」的信號送到腦中，提高期待。換言之，擺盤擔負了享用之前決定料理印象的重要職責。

那，什麼是看起來美味的擺盤呢？

擺盤的需求會隨著時代、國家、地域的飲食文化與習慣產生變化。舉例來說，中世紀歐洲王公貴族享用的宮廷料理為了誇耀權力，以裝飾豪華的大盤料理為主，但在一九七〇年代的新式烹調（Nouvelle cuisine，強調新的烹調哲學與輕盈細緻的擺盤方式）興起後，開始轉變成以新鮮食材製作的簡單快速料理，擺盤也趨於簡樸。不論是前者或後者，對於用餐的人而言，料理外貌這一項視覺情報，同樣都是判斷價值的一大主因，並沒有改變。

設計的基礎與
從視覺聯想而產生的情感

十九世紀初的康丁斯基（Василий Кандинский，1866〜1944）提倡視

覺相關的基礎造型理論。曾經在藝術與建築學校包浩斯講授視覺相關課程的他，其視覺原理被視為設計的基本，為現代藝術帶來了重大影響。

康丁斯基將藝術（繪畫）的基礎分成「點」、「線」、「面」三種要素，將它們分開探討並重新組合。現今這個理論已經深化，加入「色彩」、「立體」、「空間」、「時間」、「聲音」、「香氣」，以此探討設計的構成要素。

上述這些構成要素的大小、位置、方向和合組，將帶給人不同的印象。換句話說，依據從視覺得來的情報，我們會接收到安定感、緊張感、躍動感和靜謐感等各種情感訊息。

這類經由視覺衍生的心理狀態，與設計的構成要素有著密切的關係。因此，受視覺極大影響的擺盤心理學，也可與設計的基本思考方法疊合。

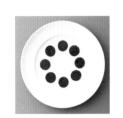

將設計的基本理論
運用在擺盤設計上

不同的擺盤，傳遞給人的訊息也有所不同。一旦了解這些要素的基本設計將左右心理情感，就能看到構思擺盤設計時的基礎了。之後再以自身的美感、創意、美學、獨

創性來發揮，不就更能讓品嘗者了解擺盤的用意了嗎？

也因此，我將以設計的基本理論與要素來構思擺盤，實際以食材做示範，呈現出料理最終的樣貌，並從基本型再做出更多變化，構思同一道料理在不同情境下的變化，希望能讓讀者體會視覺上的具體變化。

思考擺盤的目的

實際構思擺盤時，應該將重點擺在哪裡比較好下手呢？
首先要知道對方想從料理中獲得什麼，接著再確定自己
要透過料理傳遞什麼訊息，確定擺盤的目的和提案。

了解對象和用餐環境

　　實際在構思時，先不用想料理的基本組成，但要先掌握用餐環境和對方的用餐目的，讓我們分成下面六項（5w1h）來探討。

①用餐對象

　　依據年齡、性別的不同，對料理的需求會有所差異。

②用餐時間

　　可依照季節選用當季食材，飲食的流行風潮也會不斷改變。

③用餐環境

　　餐廳？小酒館？自家？這點很重要。

④用餐需求

　　午餐或晚餐？還是派對？

⑤用餐目的

　　慶生？結婚紀念日？朋友聚餐？工作應酬？

⑥形式

　　坐著吃還是站著吃……等。

　　必須先確定上述的情況。只要能夠掌握用餐情境，自然就會知道適合的料理和想做的料理是什麼。

思考擺盤的目的

　　一旦確定用餐目的和需求，接下來就是思考菜單、做什麼料理，並構思如何以擺盤來呈現，構想「擺盤的目的」。

　　比方說是生日，就以摩登、非日常感的擺盤來增加驚喜的效果；針對重視健康的人，就強調蔬菜的自然魅力；主婦間的聚餐可以呈現家庭風小酒館等等。擺盤是透過料理傳達訊息的媒介。

以設計的基本理論為基礎
組成擺盤的結構

　　思考如何呈現時，可以依據設計的基礎理論，預先設想器皿的選擇以及具體的擺放方式。

　　在此要特別注意的是，盤子有各種形狀，而不同的形狀會帶來不同的心理效果，這也是影響擺盤呈現的重要因素之一，因此需要精挑細選（盤子的解說請參考16～27頁）。

　　接下來，再依照設計的基本原理與視覺給人的印象、效果，一步步建構擺盤。人會從外觀等視覺情報接收到各種情感，看到繪畫、廣告設計時，會有不同的感受並從中聯想。從個人美感出發可以設計出具有獨創性的擺盤，但如果能理解基本的設計心理學，更能創作出效果良好的擺盤。

思考擺盤的基本流程

who……用餐對象（年齡、性別、職業、國籍等）
when……用餐時間（季節、時間等）
where……用餐地點（餐廳、小酒館、咖啡廳、自家等）
掌握對方的用餐需求與用餐環境
what……用餐內容（午餐、晚餐、派對料理、輕食等）
why……用餐目的（生日等紀念日、聚餐、日常用餐等）
how……用餐形式（坐著吃、站著吃等）

決定要透過料理傳達的訊息

決定菜單

確定擺盤的目的

從設計理論思考表現的方法

思考擺盤的構成要素
・把想要傳達的心理情感表現出來

思考視覺效果
・依照設計基礎原理來思考

選擇盤子
・挑選形狀、大小適合的盤子

挑選盤子的重點

盤子的挑選沒有一定的規則、傳統、習慣，可以自由選擇，
這裡介紹的是基礎知識和實際選擇的重點。

盤子的基本

　　介紹一般常用的盤子大小和主要用途等，一人份的盤子大致有以下幾種（基本上以圓盤為主）：

●展示盤：事先擺放在餐桌上的盤子
　　　　　直徑30～32 cm
●主餐盤：盛裝肉類、魚類等主菜的平盤
　　　　　直徑23～28 cm
●湯　　盤：盛裝湯品、燉菜等料理的深盤
　　　　　直徑20～23 cm
●甜點盤：盛裝甜點的平盤
　　　　　直徑20 cm左右
●麵包盤：盛裝麵包的平盤
　　　　　直徑15 cm左右

※再加上杯子和杯碟，就是一整套的一人份餐盤。

　　上述的盤子名稱和用途可以當作參考的基準，雖然擺盤沒有特別限制，但還是希望先了解擺盤的基礎並掌握擺盤的目的，再挑選尺寸。除非是堅持格調的傳統餐廳，不然用湯盤裝義大利麵、沙拉亦無妨，用甜點盤裝前菜、沙拉也可以。白盤因為能夠襯托各種料理，最近大受歡迎，不過除了白盤，其實還有各種形狀、素材的盤子，選擇範圍很廣。

餐桌的尺寸也是挑選盤子的重點

　　上菜時，餐桌上的空間各有不同，高級餐廳裡有奢華寬敞的桌子，小酒館可能就沒辦法了。因此必須依據餐桌的長度、寬度，決定盤子的大小，特別是餐桌的寬度更須格外留意，至少要有一人份餐盤的兩倍大，並加上公用空間。80cm 的餐桌寬度和 90cm 的餐桌寬度有很大的差異，因此請別忽略餐桌尺寸的重要性。

從設計的角度挑選盤子

　　我們在看到各種人事物時都會帶著印象和情感，這是從我們累積的經驗和記憶而來。盤子有各種形狀，這次挑選的圓盤、方盤、橢圓盤、長方盤都是最基本的幾何圖形，也是擺盤時常用的盤子。做為菜餚擺放的舞台，盤子的形狀是決定擺盤印象的要素之一，一定要先了解形狀與心理層面的關係。

　　除了形狀，盤子的大小、外圈的寬度、高度（深度）等各種因素也會影響擺盤。接下來將針對各種形狀的盤子進行解說（16～23頁）。

盤子的形狀帶來的印象（心理情感）

圓盤

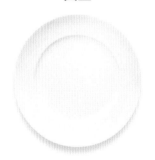

【盤子帶來的心理情感】
圓形
完整　獨立感　孤立感
圓滿　溫暖

方盤

【盤子帶來的心理情感】
正方形
安定感　沉著
客觀　冷靜

橢圓盤

【盤子帶來的心理情感】
橢圓形
安定感　方向性
柔軟　雅致

長方盤

【盤子帶來的心理情感】
長方形
安心感　熟悉感
合理毫不浪費的造型

圓盤

圓盤（＝圓形的盤子）是完整的造型，帶有和周遭格格不入的氛圍。

但是這種孤立感反而能襯托其中的料理，發揮獨特的效果。

挑選圓盤的重點

百搭的圓盤有各種種類，挑選的重點是先在腦中想像擺盤的
畫面，從用餐的對象、情景、環境（包含餐桌的大小），盛
裝的料理等進行挑選。

尺寸

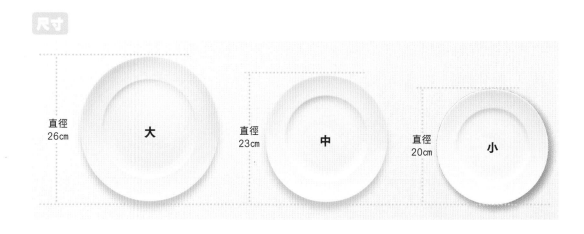

直徑
26cm　**大**

直徑
23cm　**中**

直徑
20cm　**小**

大盤子可以呈現華麗的擺盤

圓盤基本上用在盛裝主要料理（包含前菜、沙拉、義大利
麵等），盤子偏大，一般直徑大概是 23～28 cm，湯盤則
是直徑 20～23 cm 的深盤，甜點盤的直徑也是 20 cm。當
然，你可以依據擺盤的設計自由選擇。盛裝一人份料理時使
用大盤子能有大片留白，演繹奢華的空間感、款待感和非日
常感，設計擺盤時也相當方便。

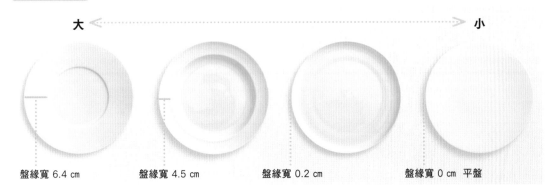

大 ⟶ 小

盤緣寬 6.4 cm　　盤緣寬 4.5 cm　　盤緣寬 0.2 cm　　盤緣寬 0 cm　平盤

盤緣的設計會影響盤子的印象

盤緣的寬度會依盤子有所差異，但不同的盤緣寬度造成的最大影響是什麼呢？答案是：決定盛盤時的空白空間。盤緣越寬，擺盤的空間就越小，設計上的難度也越高；如果是無邊平盤（料理也不會滑落），原本的盤緣空間也可以有效發揮，方便擺盤設計。

低　　　　　　一般　　　　　　高

高度 0.5 cm　　　高度 2.4 cm　　　高度 4.8 cm

根據擺盤的目的，挑選高度適合的盤子

圓盤的高度如果過高，其實會接近缽狀，高度若偏低則變成平盤。如果想將料理堆成小山強調分量感，推薦選擇高度高的盤子，方便盛盤，湯汁多的料理也要使用高盤才不會灑出來。若想用醬汁在盤子上描繪，則推薦高度低、空間大的平盤，方便操作。

方盤

帶來沉穩安定感的正方形盤子

想在圓盤主宰的世界中來點變化，就需要方盤了。
雖然是安定平衡的形狀，但相較於圓盤的曲線，直線給人冷酷的印象。

挑選方盤的重點

方盤的存在感很強，先思考擺盤時需要的空間，再選擇尺
寸。盤緣的寬度不同、盤子的高度不同，都會改變擺盤的印
象，盛盤的空間和發揮的餘地也會有所影響，因此要仔細思
考整體平衡感後，慎重選擇。

尺寸

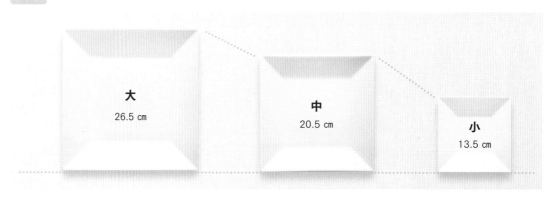

大
26.5 cm

中
20.5 cm

小
13.5 cm

活用大尺寸的空間來擺盤

選用大尺寸的盤子時，若能活用空間擺盤，將為料理增添高
級感。也可以用在前菜拼盤、午餐特餐等需要盛裝數種料理
的情形，將帶來安定感，容易取得平衡（但是只擺放在盤中
一處時，需要特別注意料理和盤子的線條平衡）。小方盤則
可以裝甜點，以盤子的冰冷感覺中和甜點的甜美。

大 ⟵ ------------------ ⟶ 小

盤緣寬 5.2 cm　　　　盤緣寬 2.8 cm　　　　盤緣寬 0.7 cm

從設計的角度，選擇盤緣寬度

盤緣的寬度將決定盛盤的實際面積，要將盤緣當作盛放空間的一部分，或是將盤緣當作擺盤的留白，會有很大的不同，務必先思考擺盤的目的再行挑選。

高度（盤緣的高度）

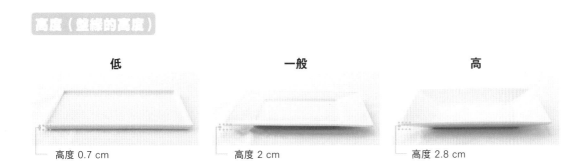

低　　　　　　　一般　　　　　　　高

高度 0.7 cm　　　　高度 2 cm　　　　高度 2.8 cm

盤緣的高度會左右方盤的擺盤

方盤的盤緣高度會大幅影響整體印象。盤緣有一定高度將增添高級感，但是實際能擺盤的範圍就會受限，設計的空間也會隨之減少，要多注意。平盤則與托盤相近，適合想要以醬汁裝飾的擺盤。

橢圓盤

安定性和溫和感共存的盤子

橢圓形盤子的適度緊張感、安定性以及柔和的線條，使橢圓盤成為餐桌的常客。
不同的大小帶來的印象和氛圍都大不相同。

挑選橢圓盤的重點

自古在王公貴族的宴會等需要盛裝多人份料理的場合，就經
常使用橢圓大盤，現今運用的範圍變得更廣，休閒風的小酒
館料理也會使用橢圓盤。橢圓盤的擺盤尤其受到盤子大小的
影響。

尺寸

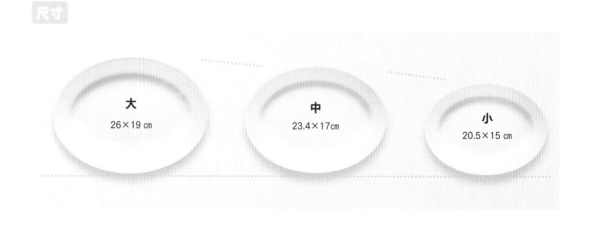

大
26×19 cm

中
23.4×17cm

小
20.5×15 cm

大尺寸強調分量感，小尺寸強調輕鬆休閒風

從中世紀以來，大型的橢圓盤子就用來盛裝多人份料理，現
在這種習慣也保留下來，熟食店就常常用大型橢圓盤盛裝熟
食。另一方面，小酒館這類休閒餐廳則會選用小型橢圓盤，
將料理裝得滿滿的。餐桌寬度不夠時，小型橢圓盤更是不可
多得的珍寶，也很適合當成分裝用的小盤。

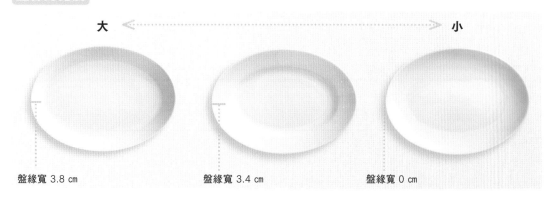

大 ⟵ ⟶ 小

盤緣寬 3.8 cm　　　盤緣寬 3.4 cm　　　盤緣寬 0 cm

橢圓盤的盤緣重點：機能性

橢圓盤的盤緣不像圓盤或方盤一樣會影響擺盤的設計，要說功用的話，就是分裝料理或是用餐時，盤中的菜餚不會掉出來。沒有盤緣的橢圓盤，擺盤空間則變得更寬廣。

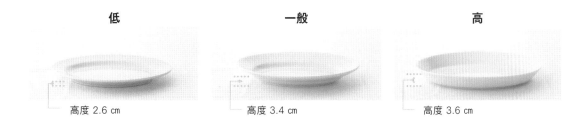

低　　　　　　　　一般　　　　　　　　高

高度 2.6 cm　　　　高度 3.4 cm　　　　高度 3.6 cm

是否容易擺盤的指標：盤緣的高度

除了盤緣的寬度，盤緣的高度也會影響擺盤時的容易操作性、分裝便利性、用餐方便性。所以，這個盤子是分裝用的盤子、一人份料理盤、還是三五好友分食用的呢？建議依照使用的目的來決定盤子的高度。

長方盤

帶有安定和諧感的長方盤，不同的擺放方向，印象也會隨之改變

長方盤有著方向性，可以直著放，也可以橫著放。
盤緣的寬度不同時，給人的印象也會隨之改變。

挑選長方盤的重點

長方形的盤子比較少見，可以用在宴客、派對、前菜等需要
特別效果的場合。此外，長方盤的造型能夠有效活用餐桌上
的空間，因此在圓盤和方盤之間，或是餐桌狹小的小酒館裡
都能派上用場，可以依據場合選擇直放或橫放。

 尺寸

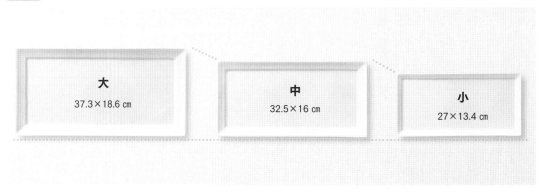

大
37.3×18.6 cm

中
32.5×16 cm

小
27×13.4 cm

大尺寸用在派對上，小尺寸用來當分裝小盤

長方盤的平坦面較大，使用上很方便，從精品盤到分裝甜點
用的小盤都可以使用，泛用性高，尤其是在窄餐桌等空間有
限的地方最能派上用場。若是派對之類的場合，就適合用大
尺寸的長方盤，小尺寸則可用來當作分裝小盤。

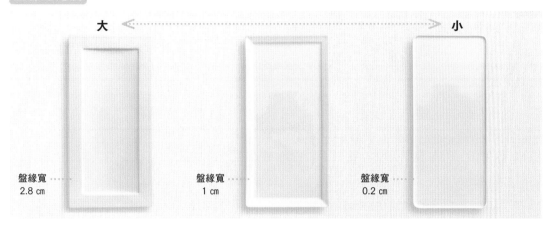

大 ← - → **小**

盤緣寬
2.8 cm

盤緣寬
1 cm

盤緣寬
0.2 cm

同時思考盤緣的用途與擺盤設計

長方盤的盤緣寬度若較窄，將能提升擺盤的設計性。但是碰到有湯汁的料理或是燉菜時，就需要盤緣了。因此要針對料理本身進行挑選。

高度（盤子的高度）

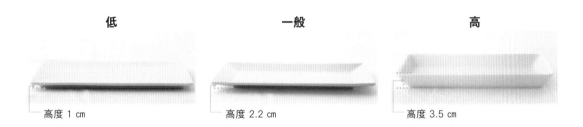

低

一般

高

高度 1 cm

高度 2.2 cm

高度 3.5 cm

從高度考量使用的場合與用途

盤緣的高度將影響盛盤的方便性和用餐的便利性，尤其長方盤的盤緣窄，更不能忽視盤緣的重要性。請先思考用途是日常生活、宴客還是派對，再進行挑選。

同一道料理用不同盤子來擺盤

解說完圓盤、方盤、橢圓盤、長方盤各自的特徵及挑選重點後，現在來看看實際擺盤給人的印象。在不同尺寸、盤緣寬度、高度（盤子的高度）的圓盤內，分別放上從同一模具取下的韃靼（Tartare）鮭魚，實際比較看看。此外，也分別擺在圓盤、方盤、橢圓盤、長方盤內，驗證不同形狀帶來的不同效果。由於視覺印象會因人而異，希望大家能夠親自感受看看。

1.盛裝在不同尺寸的圓盤內

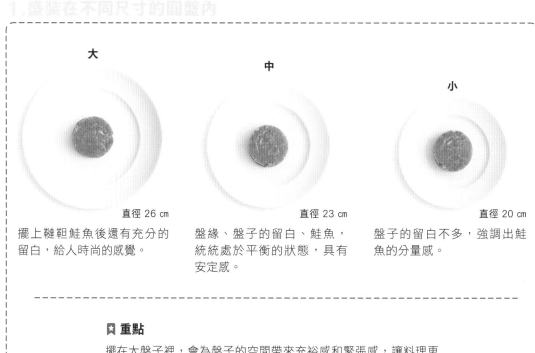

大

直徑 26 cm

擺上韃靼鮭魚後還有充分的留白，給人時尚的感覺。

中

直徑 23 cm

盤緣、盤子的留白、鮭魚，統統處於平衡的狀態，具有安定感。

小

直徑 20 cm

盤子的留白不多，強調出鮭魚的分量感。

★ 重點

擺在大盤子裡，會為盤子的空間帶來充裕感和緊張感，讓料理更顯高級；放在小盤子裡，盤子的空間變小，會讓同樣大小的料理看起來更有分量。在休閒的場合適合使用小盤子，增添滿足感，凸顯料理的美味。

2. 盛裝在不同盤緣寬度的圓盤內

盤緣寬，盛盤的空間就窄，能將焦點聚集在料理本身，呈現出時尚的擺盤。

奢華的用法保留大片空間，營造高級感。

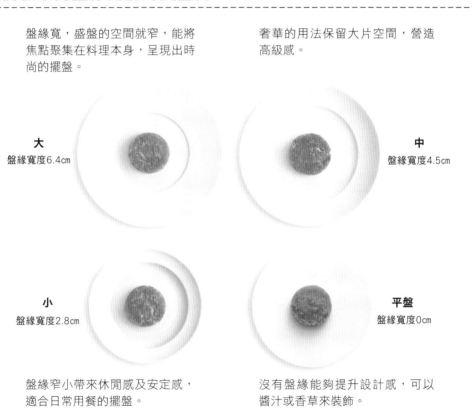

大
盤緣寬度6.4cm

中
盤緣寬度4.5cm

小
盤緣寬度2.8cm

平盤
盤緣寬度0cm

盤緣窄小帶來休閒感及安定感，適合日常用餐的擺盤。

沒有盤緣能夠提升設計感，可以醬汁或香草來裝飾。

⭐ 重點

選用盤緣寬的盤子可以呈現出摩登、時尚的擺盤。相反地，以盤緣窄的盤子來擺盤，則會帶出休閒感。盤子若有寬敞的平坦空間，就能以醬汁、辛香料或是香草等加以設計、描繪，創造出不一樣的擺盤。

同一道料理用不同盤子來擺盤

盤子是傳遞料理訊息的利器,使用不同的盤子擺盤,呈現的氛圍將截然不同。

3. 盛裝在不同高度(盤子的高度)的圓盤內

低   中   高

高度 0.5 ㎝

高度 2.4 ㎝

高度 4.8 ㎝

平坦的空間刺激創作欲,適合裝飾時髦的擺盤。

盤子、鮭魚、留白巧妙結合,呈現出平衡感十足的擺盤。

盤子的高度接近菜餚本身的高度,帶出韃靼鮭魚的立體感。

⭐ **重點**

想要強調設計感時適合使用平盤,講求立體感則推薦深盤。

4. 擺放在不同形狀的盤子上

圓盤
平衡感十足、帶有安心感。

長方盤
能夠感受到沉穩的安定感。

方盤
給人冷酷的感覺,帶來緊張感。

橢圓盤
帶出輕鬆、溫暖的氣氛。

🔖 重點

從設計的構想來看,盤子的形狀就是第一印象,因此,儘管盛裝同樣大小的同一道料理,印象也會大為不同。此外,盤子的線條和料理的線條是否統一,以及各自擅長與不擅長的擺盤技法都會有所影響。

第 2 章

從設計看擺盤
（基礎篇）

為了有效傳達料理的訊息，運用視覺心理學來構思擺盤。針對適合使用在擺盤上的「點」、「線」、「面」、「立體」、「色彩」、「空間（平衡）」等設計基礎元素解說，介紹基本的擺盤形式，並以設計構思圖、實際擺上食材的照片、具體應用範例來說明。

點

point

「點」是設計時的基本要素，標示位置、方向以及平衡。在我們的日常生活中時常會接觸到，是最能表達情感的表現手法。

大小（小）

大小（大）

位置（上）

位置（下）

方向（朝上）

方向（朝左上）

多個點（直線）

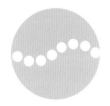

多個點（曲線）

設計中的「點」

「點」是設計中最小的基本型態

　　「點」指的是「數學中只有位置、沒有大小的概念。線與線的相交處。有限直線的一端。」（引用自三省堂《廣辭林》第六版）但是，若從設計的角度來看，點是表現存在、位置、大小以及形狀的要素。

　　將「點」擺在空間中的某一處、設計成什麼形狀、使用多個「點」組合起來等等，不同的表現會帶來不同的涵義。這些都是「點」與空間之間產生的回響，而我們能從中讀取情感。

　　也就是說，「點」做為一個訊息傳遞給觀看者（接收方），將引發其心理情感。因此「點」在設計上是重要的角色。

在擺盤中活用「點」

將「點」的設計概念活用在料理上
思考盤子與空間的平衡來擺盤

　　同樣一道料理在盤子中的大小、形狀、位置，都會左右料理給人的印象。如果擺盤目標是份量十足的家庭料理，就應該在中間擺滿分量十足的料理，強調存在感；如果是追求時尚的宴客料理，那就應該在大盤子內盛裝少量的料理，大膽保留空間，呈現時尚的一品。這和「點」的小（集中）與大（存在感）是同樣的發想。

　　「點」是設計中最小的基本型態，也是傳遞各種情感的要素。構思時，可先從「點」的基本構圖裡挑選出與心理情感接近的，再加以變化。

大小

「點」與空間（盤子）的平衡會大幅影響擺盤的印象，
因此在表現「點」的存在上，大小極為重要。盛盤時，
請考慮料理的大小與分量。

小（集中）	大（存在感）

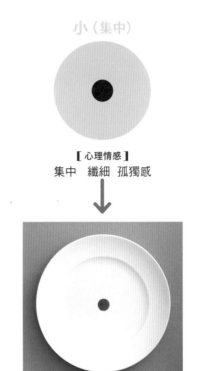

【心理情感】
集中　纖細　孤獨感

【心理情感】
存在感　魄力　安定感

擺盤時

點的面積小，因此視線會集中
在這一點，產生緊迫感。此
外，空間中只有一點也會帶來
孤立感。配置在中央位置則具
有安定感，適合時尚的擺盤。

擺盤時

點的面積大，強調存在感，讓
人感受到魄力，也帶有沉穩的
安定感。適合分量十足的溫暖
擺盤、家庭料理以及小酒館。

大小擺盤：小（集中）

將美味濃縮在小份量的料理中

特意將使用奢華食材製作的料理、味道濃厚的料理，以小份量供應，提升震撼力。

小番茄鑲菜

🍲**Recipe**

將熱水燙過的番茄剝皮去籽，在中間塞入用螃蟹罐頭、酪梨丁、檸檬汁、塔塔醬攪拌而成的鑲菜。如果有法國芫荽可取適量裝飾。

擺盤重點

將多種食材製成的奢華鑲菜* 塞進小番茄裡，將美味濃縮在其中，也強調視覺效果。

※鑲菜（farce）是生食或熟食切碎後攪拌調和的料理。

大小擺盤：大（存在感）

分量十足的料理帶出休閒風

料理的尺寸充滿魄力，滿足用餐者的身心。適合日常生活的宴客料理。

米可樂餅

🍳Recipe

將鮮**奶**油、切碎的帕馬森起司、胡椒鹽加入飯中拌炒，炒成稠狀後關火等待降溫。接著加入蛋黃攪拌，徹底冷卻後捏成球狀，沾取麵粉、雞蛋、麵包粉下鍋油炸。如果有蔬菜嫩葉可取適量裝飾。

擺盤重點

只要將簡單的料理擺放在盤中央，就能強調存在感。加上蔬菜嫩葉裝飾則增添些許華麗，適合家庭料理式擺盤。

錯視 1

錯視指的是視覺上的錯覺,我們看到的影像和實際上有所差異。眼睛看到的影像由視網膜捕捉後,會將情報送至腦中,由大腦進行判斷。因此可以說,錯視是由大腦產生出來的。擺盤也能引起錯視,若巧妙活用,就能帶來不一樣的視覺效果。

★艾賓浩斯錯覺

中央那兩個同樣大小的黑色圓圈,會受到周遭圖形大小的影響,讓大圓包圍下的黑圓看起來比小圓包圍的黑圓來得小。將中央的圓圈換成其他圖形,還是能做出同樣原理的錯視圖。

※ 艾賓浩斯錯覺是十九世紀末由艾賓浩斯(H.Ebbinghaus)、鐵欽納(E.B.Titchener)
　 所發現。

圖1　艾賓浩斯錯覺

圖2　將中央的黑色圓圈或是周遭的圓圈替換成別種圖形,
　　　還是能得到同樣的效果。

★德勃夫錯覺(戴氏錯覺)

同樣大小的兩個黑圓,用一大一小的圓框起來,會覺得小圓包圍的黑圓看起來較大。使用不同圖形也會產生同樣的錯視。

※ 德勃夫錯覺是十九世紀中由德勃夫(M.J.Delbœuf)所發現。

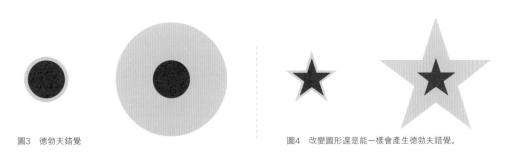

圖3　德勃夫錯覺

圖4　改變圖形還是能一樣會產生德勃夫錯覺。

位置

空間（盤子）中「點」的擺放位置會影響傳遞的訊息，
而留白的空間也可以帶有意義及情感。「點」的位置，
影響重大。

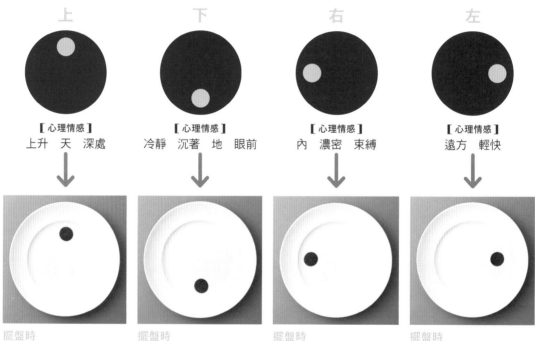

上

【心理情感】
上升　天　深處
↓

擺盤時
能夠表現出上升中的輕
盈感，還有前進的感
覺，讓料理世界的空間
感更加貼近。

下

【心理情感】
冷靜　沉著　地　眼前
↓

擺盤時
給人沉著冷靜的印象。
從「點」的後方能感受
到空間的拓展，讓盤子
的距離感覺更靠近，但
在料理的配置上算是前
衛的擺法。

右

【心理情感】
內　濃密　束縛
↓

擺盤時
帶有緊張感的擺盤。單
看「點」的位置會覺得
壓抑，但如果將焦點放
在盤子的留白空間，就
能得到解放。

左

【心理情感】
遠方　輕快
↓

擺盤時
帶有向外擴展的輕快
感，但又有一種抵達終
點的感覺，呈現出沉穩
的擺盤。

※ 從「圖本身」和「人的視角」來看左右會有所不同，本書提及的左
右是以「圖本身」為主體來標記。

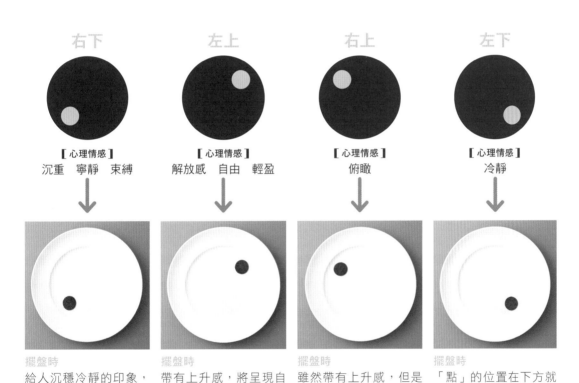

右下	左上	右上	左下
[心理情感]	[心理情感]	[心理情感]	[心理情感]
沉重 寧靜 束縛	解放感 自由 輕盈	俯瞰	冷靜

擺盤時
給人沉穩冷靜的印象，但是如果在盤中加點變化，又能從「點」延伸出不同的心理情感，表現出由靜到動的擺盤。

擺盤時
帶有上升感，將呈現自由、輕盈的擺盤。視線會從盤子下方往上看到「點」的位置，適合簡單的料理。

擺盤時
雖然帶有上升感，但是右邊的空白處同時也有一種濃密感。若從盤子的空間來看，「點」是往下延伸拓展，彷彿是旁觀者的角度。

擺盤時
「點」的位置在下方就能產生沉穩、寂靜的感覺，讓料理增添厚重感，帶出冷靜的擺盤。

位置擺盤：右

簡單擺盤，表現料理與盤子的空間

這種擺盤給人剔除多餘、將精華濃縮在料理中的印象。

法式小鹹派

Recipe

將炒過的洋蔥、培根以及蛋奶液（Appaleil，以鮮奶油、雞蛋、起司製成）倒入市售的小型派模中，再放入200°C的烤箱烤20～25分鐘。盛盤後撒上黑胡椒，以法國芫荽裝飾。

擺盤重點

簡單的小鹹派只以黑胡椒、法國芫荽裝飾，保留留白的想像空間。不使用華美裝飾，反而更能取得平衡。

位置擺盤：上

為了呈現料理的輕盈感
這種擺盤方式能讓口味清淡的健康料理顯得更加清爽。

羅勒起司香煎扇貝

Recipe

用橄欖油熱過的平底鍋將扇貝兩面都煎成金黃色。帕馬森起司、羅勒、蒜泥、胡椒鹽則放入攪拌機打成粉狀。將扇貝盛盤後，在上方撒上羅勒起司粉，完成。

• •

擺盤重點

白色的扇貝和綠色的羅勒起司粉帶出清爽感，將料理擺放在盤內上方可以強調其爽口的調味。

位置擺盤：左下

沉穩帶出華麗的料理
特意低調呈現豪華的食材與其裝飾。想要加強厚重感時推薦這種擺法。

煙燻鮭魚鬆餅

Recipe

在盤中擺上圓鰭魚魚子醬，再放上市售小鬆餅、切碎的紫洋蔥、酸奶油、煙燻鮭魚、洋茴香。

• •

擺盤重點

將五彩繽紛的精緻小鬆餅放在盤內左下方，為小巧的奢華料理帶來安定感。

方向

「點」的朝向將決定空間（盤子）中的方向性。統一料理的
「重點」（或說「食材的重點」）也能獲得同樣的效果。

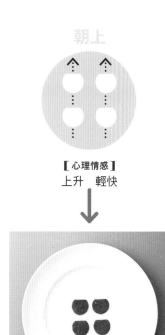

朝上

朝下

朝右

【心理情感】
上升　輕快

【心理情感】
寂靜　削減　沉穩

【心理情感】
內向　抑制

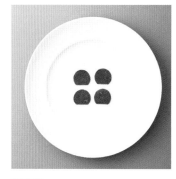

擺盤時
將料理朝上擺可以營造輕快
感，具有振奮心情的效果，提
高用餐者對料理的期待。

擺盤時
往下的構圖會帶來寧靜和沉
穩。依據食材的形狀，可以完
成具有安定感的擺盤。

擺盤時
感覺會是朝內擺，有類似追求
食材本質的感覺，希望用餐者
將焦點集中在食材上時可以嘗
試這種擺法。

朝左	朝右上	朝左上
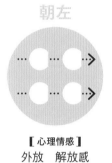		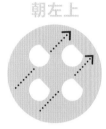
【心理情感】	【心理情感】	【心理情感】
外放　解放感	爽快　解放感　放鬆	些微的緊張　柔軟　中庸
↓	↓	↓
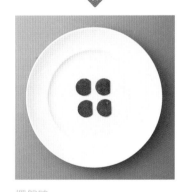	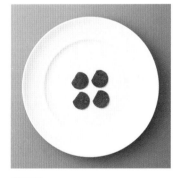	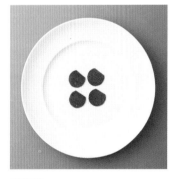

擺盤時
方向感覺是朝外，能夠帶來全新的印象，從既有的束縛中獲得解放。想要發揮創意、嘗試食材的可能性時，推薦這種擺法。

擺盤時
明亮輕快的方向感，打造溫和的空間，適合清爽的料理。

擺盤時
空間中帶有恰到好處的緊張感，卻又不是極端狀態。具有容納一切的包容性，因此在擺盤上可以大膽嘗試。

方向擺盤：朝下

活用食物本身的形狀，帶出方向

使用食材原有的形狀來盛裝料理，僅僅將料理擺在盤中就能產生方向性。
發揮食材的特色來擺盤，襯托食材之美。

醃漬花蛤

🍲Recipe

以葡萄酒蒸好花蛤後，將蛤肉與殼分離，再將蛤肉放回殼中。小黃瓜、紅蘿蔔、芹菜、櫻桃蘿蔔切丁，以檸檬醬拌勻後放在蛤肉上。如果有西洋菜可取適量裝飾。

擺盤重點

活用花蛤殼帶出自然的方向感。料理也能有安定感，貝殼的造型和色彩繽紛的蔬菜丁則營造出溫馨可愛的氛圍。

方向擺盤：朝右上

強調料理的個性

將重點放在一處（例如擺上香草）就能帶出料理的個性，擺盤上也能呈現方向感。

雙色蘿蔔裹燻鮭魚

Recipe

雙色蘿蔔切薄片後弄軟，煙燻鮭魚則配合蘿蔔大小用模具取型，將兩片重疊後裹住鮭魚。鮭魚上面再放上水煮蛋黃、法國芫茜裝飾。

擺盤重點

用雙色蘿蔔裹住煙燻鮭魚時，要讓其中一片鮭魚多露出一點，並以香草裝飾凸顯料理的個性，完成一道輕快的前菜。

點 ● ● ● ●

多個點

「點」集中在一起時會互相影響，產生眼睛看不到的線條，也因此能夠藉此表現出動態、節奏、形狀，甚至是時間的流逝。

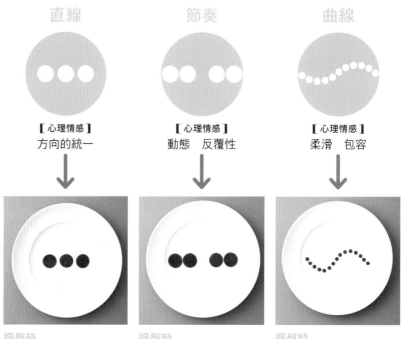

直線	節奏	曲線
【心理情感】 方向的統一	【心理情感】 動態　反覆性	【心理情感】 柔滑　包容

擺盤時
擺盤上常用的配置法，能夠產生統一感，整齊如一帶出氣勢。

擺盤時
「點」雖然是靜止狀態，但是重複同樣的配置可以創造出節奏感，彷彿音樂在飄揚。

擺盤時
波浪狀的曲線可以消除半徑產生的緊張感，讓整體顯得較柔滑。「點」做出來的線傾向簡單，想要呈現柔和印象時推薦使用這種配置。

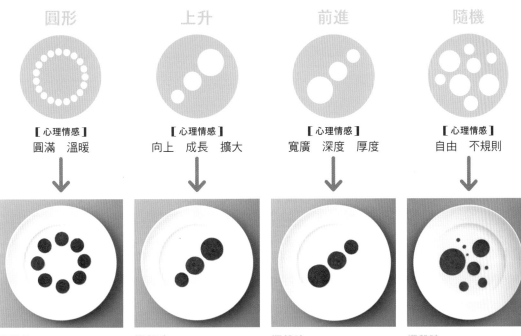

圓形

【心理情感】
圓滿　溫暖

⬇

擺盤時
「點」構成的圓比線條構成的圓更有情調，不完全的圓反而帶來暖度。

上升

【心理情感】
向上　成長　擴大

⬇

擺盤時
往上爬升、躍動感十足的構圖。隨著「點」越來越大，越能感受到氣勢與魄力。

前進

【心理情感】
寬廣　深度　厚度

⬇

擺盤時
構圖上給人無限延伸的規模感，漸次變小的「點」能夠營造出空間的寬廣。

隨機

【心理情感】
自由　不規則

⬇

擺盤時
將各個「點」隨意擺放，互相呼應。追求自然風格不想被侷限時，適合這種擺法。

多點擺盤：隨機

不規則地擺放同樣形狀的食材

將同樣形狀（包含切成同樣形狀）的食材統整在一起，儘管大小不
一、擺放得不規則，仍然能夠產生統一感。

紫洋蔥豆子沙拉

📷 Recipe

先將紫洋蔥和燙過的綜合豆子以法式沙拉醬醃
過，再將兩者隨機擺在盤上。如果有法國芫荽可
取適量裝飾。

擺盤重點

將大小不一的紫洋蔥切片挑幾個挖空，做成甜甜圈狀，
豆子的形狀也以「圓形」來統一，這樣就算是自由擺放
在盤內，也能營造一體感。

多點擺盤：曲線

用小食材或濃稠的醬汁畫出線條

欲以「點」呈現出圓滑曲線時，需挑選小型食材或是將食材切小。
若是用醬汁來表現，選用濃稠的醬汁較能帶出曲線。

醋栗番茄佐酪梨醬

🍲**Recipe**

將酪梨、檸檬汁、酸奶油、奶油起司混合的醬汁，在盤中
畫點做出曲線，接著在每個點上放上一粒醋栗番茄。如果
有沙拉嫩菜可取適量裝飾。

· ·

擺盤重點

以小顆的醋栗番茄表現柔和的曲線，可以帶出可
愛的氛圍，酪梨醬則畫龍點睛。

多點擺盤：上升

活用食材的形狀帶出安閒感

活用食材造型的漸次排列，讓人聯想到大自然孕
育下的生長過程，帶有溫度。

根莖醃菜

🍲**Recipe**

將蓮藕、紅蘿蔔、牛蒡切成圓片川燙，趁熱放入孜然醬中
再放進冰箱冷藏。擺放時由大至小依序排列。

· ·

擺盤重點

擺盤時活用食材的造型及大小。根莖的成長和上
升配置，將帶出心理情感的一致性。

線

line

在幾何學中，「線」是人眼看不到的存在，「點」則是移動的軌跡。但是在設計中，「線」背負重大的任務，不只是組成形狀，也能表現動態、抽象概念及空間。

直線

曲線

角度（銳角60°）

水平／垂直

螺旋

拋物線

輪廓線（正方形）

分割線（縱切）

設計中的「線」

「線」除了表現形狀，也呈現動態與空間

「線」的數學定義是「指一點任意移動而成的圖形。有位置與長度，無厚度與高度。」（引用自三省堂《廣辭林》第六版）。

也就是說，在幾何學中是看不到「線」的，但是設計中可以將「線」加粗，或是用來表示方向等，「線」可說是表現物體形狀、動作、空間等的重要元素。

在料理中活用「線」

靈活運用醬汁，描繪出「線」的視覺效果

西餐裡的醬汁是左右料理、帶出食材美味的重要調味料，也是擺盤時畫龍點睛的重要元素。

在料理中，食材與醬汁的搭配十分重要，但是兩者的平衡時常難以拿捏。可以參考「線」帶來的心理情感、基本構圖，多加運用以醬汁畫「線」的手法，發揮自己的擺盤創意。

直線、曲線

直線與曲線是「線」的基本，直線指的是「點」受到外
力影響沿著一定方向移動的軌跡，曲線則是「點」同時
受到兩種外力影響，而其中一方的影響力較強。

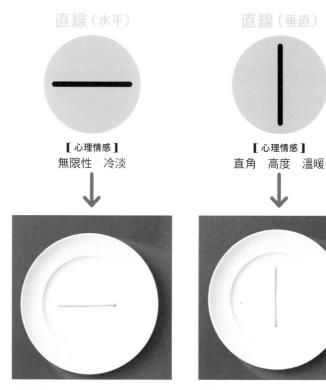

直線（水平）	直線（垂直）
【心理情感】	【心理情感】
無限性　冷淡	直角　高度　溫暖

擺盤時
水平線是最簡潔的「線」，給人的印象是平行拓展，以及冷淡的感覺。雖然是簡單的一直線，但是容易形成固定印象，因此要挑對使用場合。

擺盤時
垂直線與水平線是對立關係，表現出溫暖的無限可能。即使是最簡單的「線」也能帶來安心感。

曲線（半徑相同的波浪線）　　曲線（隨意的波浪線）

【 心理情感 】　　　　　　【 心理情感 】
緊張與融合　均衡　　　　　自由　不規則

↓　　　　　　　　　　　　↓

擺盤時　　　　　　　　　　擺盤時
外部力量帶來的緊張會反應在　　外部的壓力造成不規則的曲
規則的曲線上，呈現出柔和又　　線，可藉此表現自由奔放的感
均衡的擺盤。　　　　　　　　　覺，常用於擺盤中。

直線擺盤：水平線 ⊖

重疊食材的造型與醬汁

選用長形食材或是將食材切成長條狀，以便和線狀醬汁產生一體感。

烤醃鮪魚佐芥末泥

🍳**Recipe**

將醬油、酒漬鮪魚以熱過的平底鍋油煎後，切成2.5 cm
厚。將鮮奶油加進馬鈴薯泥中增加稠度，倒入芥末，
想要更明顯的綠色可以用抹茶添色。在盤中以芥末泥畫
線，放上香煎醃鮪魚，再用紫蘇嫩葉裝飾。

擺盤重點

食材與醬汁的配置呈現出簡單的水平直線。芥末泥
的漂亮綠色能舒緩緊張感，完成一道均衡的擺盤。

曲線擺盤：隨意的波浪線

自由描繪的醬汁帶出躍動感

簡單的料理也能透過醬汁的顏色及描繪方法，呈現出躍動感十足的擺盤。

鬱金香炸雞翅佐辣醬

🍲 **Recipe**

藉由刀工與手工，將去骨雞翅塑成像一朵帶梗的鬱金香形狀，再用鹽巴、胡椒、薑調味，沾上太白粉以180℃油炸。在盤中以辣醬畫出曲線，放上炸雞翅。如果有法國芫茜可取適量裝飾。

擺盤重點

以辣醬畫出不規則的自由曲線，讓盤中產生節奏感。法國芫茜則能畫龍點睛。

角度（斜線）

「角度」指的是兩條直線相交所夾成的空間大小，是兩
種力量衝突的結果。「角度」的性質會根據角的大小有
所差異。為了方便應用在料理中，本書的「角度」會以
「斜線的傾斜角度」來談。

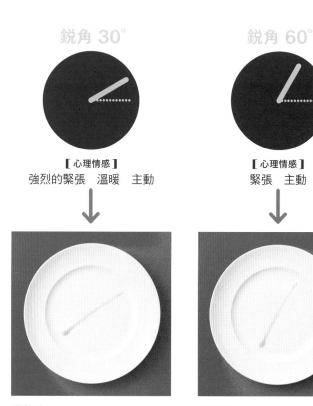

鋭角 30°

【心理情感】
強烈的緊張　溫暖　主動

擺盤時
力量向外延伸張力十足，同時帶
來緊張感，讓人感覺活力四射。

鋭角 60°

【心理情感】
緊張　主動

擺盤時
往外的力量更靠近，能讓人感
覺到料理的動態與氣勢。

直角 90°	鈍角 120°	鈍角 150°

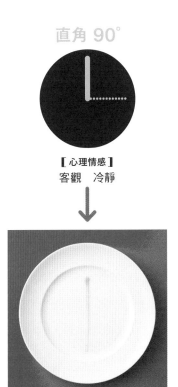

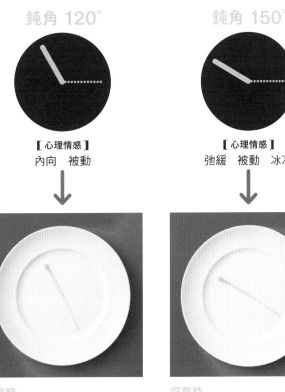

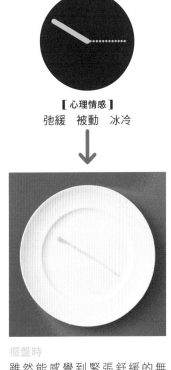

【 心理情感 】
客觀　冷靜
↓

【 心理情感 】
內向　被動
↓

【 心理情感 】
弛緩　被動　冰冷
↓

擺盤時
直角是水平線與垂直線相交時形成的角，因此同時擁有兩種極端性格，給人極度冷靜、無生命力的印象。

擺盤時
力量是向內作用，想要呈現纖細一點的擺盤時可以嘗試看看。

擺盤時
雖然能感覺到緊張舒緩的無力感以及被動性，但是將近180°的角度又給人廣闊無邊的印象。

角度擺盤：銳角 60°

用奔放的醬汁表現向外彈出的力量

表現出向外飛躍的動感，從角度中能夠感受到銳利和速度，為料理增添氣勢和活力。

迷你春捲佐黃芥末番茄醬

Recipe

將羅勒、酪梨、莫札瑞拉起司包進1/4的春捲皮中，以鹽巴、胡椒調味，放入160°C的油鍋中炸至金黃色。用刷子在盤中刷上番茄醬和黃芥末後，放上迷你春捲。

擺盤重點

以番茄醬和黃芥末畫上雙色線條，強烈表現向外拓展的力量，呈現出氣勢十足的擺盤。

角度擺盤：銳角 30°

用強而有力的醬汁帶出十足的活力

向外發展的力量與強烈的緊張感並存，呈現出躍動感十足的擺盤。

香煎根菜佐香醋

Recipe

將蓮藕、大蒜、紫洋蔥、小蕪荷切成圓片，撒上鹽和胡椒後以平底鍋煎至焦色。在盤中刷上香醋，放上煎好的根菜。

擺盤重點

香醋的刷痕緩和了角度的緊張感，與根菜本身的力量融合在一起，呈現出強而有力的擺盤。

多條直線

同個空間中存在兩條以上的「線」,「線」彼此之間是
如何互相影響呢?以下介紹擺盤中的基本案例。

水平線/垂直線

水平線/垂直線/斜線

【心理情感】
客觀　冰冷

【心理情感】
沉默　僵直

↓

↓

擺盤時
相反的兩種線相交呈現對等的
力量關係,帶出適度的緊張
感,形成均衡的擺盤。

擺盤時
所有線條的力量集中在一處,
帶給人紋風不動的印象。如果
讓線條的長度不規則變化,可
以塑造躍動感。

共有中心的直線	不同中心的直線 （有共同交點）	不同中心的直線 （無共同交點）

【心理情感】 平衡	【心理情感】 均衡與些微的緊張	【心理情感】 自由　緊張
↓	↓	↓

擺盤時

構圖上是自由的直線，由於所有線條都會通過中心，因此緊張感能互相平衡。可以自由地描繪線條，呈現出安定的擺盤。

擺盤時

水平線與垂直線相互平衡，雖然是自由的直線又帶點緊張感，在安定之中帶來玩心。

擺盤時

自由的直線互相影響又各自獨立，帶有不安定的緊張感又潛藏著可能性。想在擺盤上自由發揮時可以嘗試看看。

多條直線擺盤：共有中心

改變線條長度，帶出躍動感

自由描繪的直線擁有共同中心，給人安定的印象。
改變線條的長度，則可以有效帶出躍動感和節奏感。

香煎牛排

🍲 **Recipe**

牛肉以鹽巴和胡椒調味，放進熱好的平底鍋煎成
牛排。切丁的馬鈴薯則是下鍋油炸，撒上鹽巴。
在盤中以多明格拉斯醬汁畫線，放上切好的牛排
和馬鈴薯丁。

擺盤重點

切成細長片狀的牛排、馬鈴薯丁、醬汁都是直線構成，
因此以自由描繪的醬汁帶出休閒躍動感。

多條直線擺盤：不同中心但有共同交點

通向同一交點的線條，兼具安心感與玩心

食材的多樣造型和醬汁帶出的安穩感互相共鳴，呈現出平衡的擺盤。

烤蘑菇、小芋頭、培根

Recipe

小芋頭先用法式清湯煮過，再將培根、小芋頭放入烤箱烤出焦色。在盤中以羅勒醬畫線，放上烤好的小芋頭、培根、蘑菇片。

擺盤重點

盤中有圓滾滾的小芋頭、甜甜圈狀的蘑菇、長方形的培根切片，活用食材形狀的多樣性，並以玩心及冷靜感兼具的醬汁帶來一體感。

多條直線擺盤：水平線／垂直線

醬汁描繪的線條增添了安定感

醬汁的安定感軟化了菜色的獨特性，呈現出均衡的擺盤。

鯛魚卡巴喬佐紅椒慕斯

Recipe

在盤中以番茄醬畫線，放上鯛魚薄片。將烤過的紅椒磨成泥，放入鮮奶油、吉利丁做成慕斯擺在鯛魚片上。撒上黑胡椒，如果有沙拉嫩葉可取適量裝飾。

擺盤重點

食材與醬汁以紅色系統一，紅色的鯛魚皮、橘色的紅椒慕斯、番茄醬讓嶄新的料理增添一體感，和醬汁的線條十分合襯。

拋物線、圓圈、螺旋

在水平線和垂直線這兩種緊張之外，還有第三種緊張，也就是彎曲（拋物線）。兩種緊張若在同樣的力量平衡（一方力量大，另一方力量小）裡持續前進，曲線就會形成圓圈。螺旋則是不規則的緊張下誕生的產物。能與直線抗衡的曲線，在擺盤中十分好用。

拋物線①

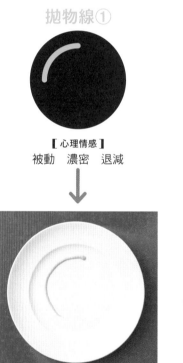

【心理情感】
被動　濃密　退減

↓

擺盤時
雖然看起來像後退，但其實是在準備上升的階段，給人沉穩、不帶攻擊性的印象。

拋物線②

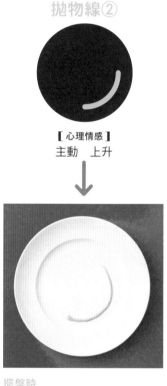

【心理情感】
主動　上升

↓

擺盤時
帶有上升的緊張感，能夠帶出食材的魅力與延伸性，希望來點衝擊時可以嘗試這種擺盤。

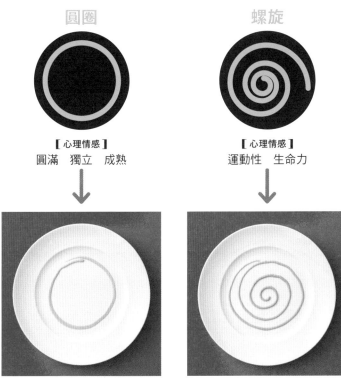

圓圈

【 心理情感 】
圓滿　獨立　成熟

螺旋

【 心理情感 】
運動性　生命力

擺盤時
過於完美的工整圓圈反而不容
易襯托食材，因此以線畫圓圈
時，可以增添一點不規則感。

擺盤時
反覆運動的螺旋不會通過同樣
的位置，因此給人持續成長的
印象，呈現出動態的擺盤。

螺旋擺盤

食物放在螺旋上的位置將左右整體印象

反覆運動的螺旋帶有上升的緊張感,但食物放在不同的位置上會影響整體印象。
依據想表現的內容,調整食物的位置。

法式肉凍佐紅椒奶油醬

Recipe

將豬絞肉、豬肝、雞肝、洋蔥、紅蔥、鹽、黑胡椒、燈籠椒、白蘭地、蛋倒入攪拌機,再放入肉凍模型中隔水加熱,接著以烤箱烘烤後放入冰箱冷藏一晚。在盤中以紅椒醬畫出螺旋,再放上切好的肉凍。如果有荷蘭芹可取適量裝飾。

擺盤重點

上升中的螺旋會帶來緊張感,將肉凍放在感覺最強烈的位置(上方),能夠提振人心,提高用餐的興致。

拋物線②擺盤

以醬汁減輕料理的厚重感

為了不讓料理的份量和色調感覺太過厚重，以醬汁描繪上升的**拋**物線，減輕厚重感。

黑醋豬佐芒果醬

Recipe

將豬肉切成一口大小，沾粉下鍋油炸。蓮藕也切成一口大小下去油炸，但不需沾粉。之後將黑醋勾芡煮至沸騰後加入豬肉和蓮藕，再以芒果醬於盤中畫上**拋**物線，放上黑醋豬肉。

••

擺盤重點

為了不讓炸豬肉和炸蓮藕的份量感過重，利用黃色芒果醬營造輕盈感。

圓圈擺盤

描繪不完美的圓圈

正圓過於完美，以不規則的圓圈搭配料理才能凸顯個性。

香煎紅金眼鯛佐香醋

Recipe

將金眼鯛切成長條狀，撒上鹽和胡椒。平底鍋以橄欖油、蒜片熱鍋後放入金眼鯛煎熟。接著以香醋在盤子上畫圓，再放上香煎紅金眼鯛、萵苣、法國芫茜。

••

擺盤重點

均衡盛盤的金眼鯛，搭配以香醋畫出的不規則圓圈，呈現出洗鍊的擺盤。

輪廓線、分割線

輪廓線指的是以「線」構成圖形。分割線指的是在空間中加入「線」，形成複數的空間。雖然是「線」，卻又近似於「面」。

輪廓線（正方形）	輪廓線（圓形）

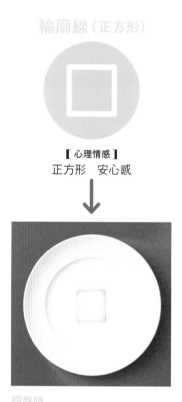

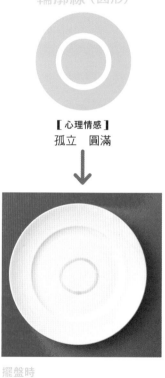

【心理情感】
正方形　安心感

【心理情感】
孤立　圓滿

擺盤時
水平線與垂直線構成的均衡形狀，帶有安定感也給人親近感。

擺盤時
難以和其他要素相交，想要表現出象徵性時可以使用。如果是徒手畫出的圓形則帶有溫度。

分割線（縱切）　　　　　分割線（橫切）　　　　　分割線（黃金分割）

【心理情感】　　　　　　【心理情感】　　　　　　【心理情感】
左右　各自獨立　　　　　上下　重視上方　　　　　美的平衡　黃金比例

↓　　　　　　　　　　　　↓　　　　　　　　　　　　↓

擺盤時

左右兩個空間各自獨立，勾起大家對兩者關係的好奇。重點在擺放不同的料理，或是強調料理與醬汁的區分。

擺盤時

分成上下時，錯視效果會讓人覺得上方看起來較大，因此能集中焦點。這種帶有巧思的擺盤能讓人發揮玩心，增添趣味性。

擺盤時

自古以來黃金比例已創造出許多「美」的事物，自然界也有許多事物符合這種比例。想不到要如何擺盤時就多加活用「1：1.618」吧。

輪廓線擺盤：正方形

手繪的輕鬆感為正方形輪廓帶來趣味性

將食物切成規矩的正方形，搭配醬汁畫出的隨興正方形，恰到好處的對比構成協調的擺盤。

荷蘭芹墨西哥薄餅佐極光醬

🍲Recipe

將荷蘭芹碎末、炒過的馬鈴薯、洋蔥和蛋混合。以大蒜和橄欖油熱鍋後倒入蛋液，用小火慢煎，過程中需不時攪拌。煎好薄餅後切成正方形，並在薄餅四周以極光醬（sauce aurore，法國是以白醬加番茄醬，日本則是用美乃滋拌番茄醬）畫出正方形輪廓。

擺盤重點

以醬汁手繪的正方形能帶來休閒感和溫暖的感覺，刻意將圓圓的墨西哥薄餅切成正方形，將帶來出乎意料的趣味性。

分割線擺盤：縱切

主菜與配菜的對等關係

將分量感不同的兩種料理擺放在區隔成兩等分的盤中，產生對等的均衡感。

梨子生火腿千層

🍲**Recipe**

梨子和生火腿以模具取型，撒上橄欖油與黑胡椒，按照順序疊在一起後對切。在盤中央以香醋醬畫線，左手邊放上梨子生火腿，右手邊擺上綜合蔬菜葉。

擺盤重點

梨子生火腿千層和綜合蔬菜葉的實際分量比約是2：1，但是巧妙運用盤中的空間，就能讓兩者看起來一樣大。

surface

「線」是「點」的集合體,「面」則是由線組成,
是表現物體形狀與空間的重要元素。

圓形

三角形

正方形

設計中的「面」

表現物體的形狀與空間

　　「面」在數學中的定義是「平面，有長度和寬度，無厚度。」（引用自三省堂《廣辭林》第六版）。基本上，「面」是由兩條水平線與兩條垂直線組成，會受到兩者間的平衡關係或是外部的壓力而變形，因此能表現出各種物體的形狀。此外，「面」的配置能夠表示與空間的關聯性、界線或是範圍。

在擺盤中活用「面」

賦予食材「面」（形狀），提升擺盤的可塑性

　　食材可以呈現出各式各樣的「面」（形狀），比方說將扇貝切成薄片，就可以運用扇貝本身的圓形，或是切碎和其他食材一起以模具塑形，亦或做成慕斯弄成正方形等，不同的「面」（形狀）會大幅左右料理的印象。「面」（形狀）也隱含了心理情感的訊息，因此要選擇與擺盤目的相符的形狀，才能提升成品的演出效果。

表現「形狀」的面

將食材以不同的形狀呈現，會大幅改變料理的印象，因此
請掌握基本形狀代表的意含。

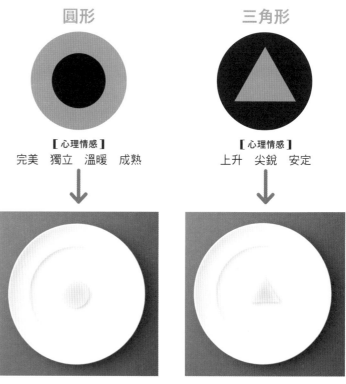

圓形

【心理情感】
完美　獨立　溫暖　成熟

三角形

【心理情感】
上升　尖銳　安定

擺盤時
正圓排斥外物，帶有完美存在
感，但是若能在色彩或形狀上
加點變化，印象就能隨之改
變，產生溫度。屬於泛用性高
的擺盤。

擺盤時
三角形給人的印象會因角度有
所變化，銳角帶來向上爬升的
強烈生命力，鈍角則能表現出
沉穩安定感。

正方形

【心理情感】
客觀　協調

↓

擺盤時
正方形是最均衡的形狀，帶來安定感。雖然大自然中很難找到正方形的食材，但是可以將食材塑造成正方形，拓寬擺盤的可能性。

橢圓形

【心理情感】
方向性　安心感

↓

擺盤時
橢圓形比圓形更具安定感，不過直擺和橫擺的印象並不相同。此外，長軸與短軸的長度不同，也會帶來不同的感覺，可以多加嘗試。

長方形

【心理情感】
安定感

↓

擺盤時
長方形是四個角度相同的四角形，和橢圓形一樣有長邊與短邊，各邊的長度會影響擺盤呈現的結果。

表現「形狀」的正方形擺盤

以切割食材來塑形

將食材切割成難以聯想到原始形態的形狀，就能提升期待感。
大家會猜測使用的食材，也會更加期待入口的味道。

小蘆筍三明治

🍳Recipe

將奶油起司和蒜泥、黑胡椒、切碎的黑橄欖混在
一起，塗抹在切成正方形的吐司上。小蘆筍則是
配合吐司的長度對半切，放在吐司上，再擺上切
成圓片的黑橄欖。

擺盤重點

小蘆筍要切成同樣的長度，並能拼成正方形。乍看之下
看不出使用的食材，就能提高期待感，呈現玩心十足的
擺盤。

表現「形狀」的三角形擺盤

利用鑲菜料理來塑形

將各種食材切碎並調味而成的鑲菜料理*可以做成各式各樣的形狀，
也可以塑造成角度銳利的三角形。

韃靼竹筴魚佐羅勒

🍲 **Recipe**

將竹筴魚、鯷魚、大蒜、味噌、梅乾、黑胡椒、羅勒一
起拍碎，以三角形模具取型後放上羅勒裝飾，再撒上橄
欖油、黑胡椒。

....

擺盤重點

特意將海鮮做成三角形，讓人聯想到山的形狀，
增添擺盤的趣味性，橄欖油則扮演畫龍點睛的角
色。

※鑲菜（farce）是生食或熟食切碎後攪拌調和的料理。

表現「形狀」的橢圓形擺盤

利用模具來塑形

以模具塑形，可以輕鬆完成形狀大小一致的料
理，非常方便。

五月皇后炸薯條

🍲 **Recipe**

馬鈴薯品種「五月皇后」較具黏性，以橢圓形模具取型
後加鹽烹煮，去除水分，再下鍋炸至金黃色。接著抹上
酸奶油，放上圓鰭魚魚卵。如果有義大利香芹可取適量
裝飾。

....

擺盤重點

以模具取型的料理呈現出漂亮的橢圓形，外表就
像甜點一般，是道高雅的料理。

面

表現「空間」的面

在同一個空間內擺放多個「面」時，「面」與「面」、空間與「面」之間都會誕生出緊張感，形成關係。下面介紹的只是部分例子，「面」的組合有無限可能。

同樣形狀的多個面 （圓形）	同樣形狀的多個面 （正方形）	同樣形狀的多個面 （長方形）

【心理情感】 協調　溫暖	【心理情感】 共通性　和諧	【心理情感】 動態　協調　安定感
↓	↓	↓
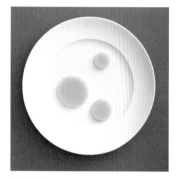		

擺盤時

只有一個圓呈現的是孤立感，但當好幾個圓聚集在一起時，就會產生溫暖的感覺。此外，多個圓的配置也能形成躍動感，提升擺盤的可能性。

擺盤時

正方形是最均衡的面，小正方形擺在上方，大正方形放在下方，就能呈現安定感，讓空間顯得和諧。

擺盤時

長方形具有安定感，橫擺能夠形成方向性，讓長方形看起來朝著同一方向前進。而當構圖中出現方向時，自然能表現出躍動感。

不同形狀的多個面
（圓形 X 長方形）

[心理情感]
節奏與安定感

↓

擺盤時
三個小圓放在一起會帶出動態
感，加上在下方支撐的長方形
形成安定的構圖，表現出動中帶
有安定感的擺盤。

不同形狀的多個面
（圓形 X 正方形）

[心理情感]
對立與緩和

↓

擺盤時
圓形與正方形在造型上是對立
關係，但是大小上的平衡能夠緩
和這份緊張。將兩者配置在垂
直線上也能增加暖度。

不同形狀的多個面
（正方形 X 長方形）

[心理情感]
方向性　協調

↓

擺盤時
正方形的邊長若與長方形的短邊
長度一致，就能產生統一感，
視覺上也會覺得比較輕盈。此
外，將所有形狀都朝同一個角
度擺放，可營造出躍動感。

表現「空間」的擺盤：不同形狀的多個面

（正方形 X 長方形）

以「面」的朝向表現方向性

擺盤時將「面」的朝向統一，就能在空間中呈現出動態感。

奶油櫻桃蘿蔔

🍲 Recipe

將切成長方形薄片的奶油平放在盤中，再擺上縱切的櫻桃蘿蔔、黑色鹽之花。

擺盤重點

切成長方形的奶油與正方形的鹽的擺向，讓食材看似要往外前進。奶油、鹽之花、櫻桃蘿蔔的色彩對比則增添了可愛感。

表現「空間」的擺盤：同樣形狀的多個面

（圓形）

同樣形狀的「面」，透過食材的大小、色彩賦予變化

同樣形狀的「面」雖然有一體感，但難免顯得單調，因此可以變化其大小與色彩。

番茄寒天卡布里沙拉（Caprese salad）

🍲Recipe

以番茄汁做成寒天，再以圓形模具取型。接著擺上莫札瑞拉起司圓片，與羅勒醬一同擺盤。如果有羅勒可取適量裝飾。

擺盤重點

雖然是同樣形狀的面，但莫札瑞拉起司的白與番茄寒天的紅形成對比，為盤中的空間帶來變化，羅勒的綠色則能畫龍點睛。

配置
平衡
layout

設計元素的擺放位置會帶來不同的結果，接下來要介紹幾種組合
以及背後的涵義，並介紹擺盤常用的擺放形式。

對立（左右）

對稱

旋轉

平行（水平）

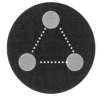

組合（三角形）

鏡射

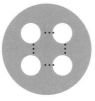

組合（正方形）

融合（左右）

設計中的「配置平衡」

從配置看出設計的意圖

目前為止已經講解了「點」、「線」、「面」的心理情感與表現意含，但是，配置的方法與空間的構成也會影響整體的呈現，最終如果無法傳達設計的意圖，同樣沒有意義。

在擺盤中活用「配置平衡」

在料理的配置上，活用視覺效果

實際擺盤時，盤中會擺上各式各樣的食材，可以參考具體的配置範例、心理情感，挑選接近自己想法的配置形式，以此為根據來表現與活用。接下來要介紹的配置形式包含了自古以來使用的擺盤技巧，由於這些傳統的擺盤方法能夠有效表達心理情感，因此現在仍然持續被使用著。

平衡

各個元素之間的位置平衡、排列方法、重疊方法等等，
能夠表現出彼此的關係。

並列（上下）

【心理情感】
上升與下降　不相上下　緊張

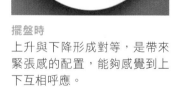

擺盤時
上升與下降形成對等，是帶來
緊張感的配置，能夠感覺到上
下互相呼應。

並列（左右）

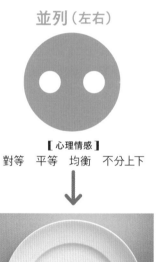

【心理情感】
對等　平等　均衡　不分上下

擺盤時
左右相互呼應，又或是互相排
斥，呈現完美平衡的狀態，表
現出安靜又有安定感的擺盤。

對立（上下）

【心理情感】
對立　相鄰　共有感

擺盤時
兩者相交於一點上互相排斥，
但同時又產生共有感。雖然上
下的大小一樣，但是視覺上會
覺得上面的元素較大，因此擺
盤時要考慮到平衡。

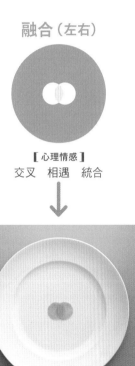

對立（左右）	融合（上下）	融合（左右）

【 心理情感 】	【 心理情感 】	【 心理情感 】
均衡　安定　交集	重疊　統合　和諧	交叉　相遇　統合
↓	↓	↓

擺盤時

兩者處於互相獨立的平等關係，在配置上又帶有安定感。將同樣的料理以同樣大小並列能夠產生強烈的持續性，形成均衡又充滿安心感的擺盤。

擺盤時

這是實際擺盤時的常用手法。元素互相重疊產生共有感，並帶有由下往上爬升的動態感。

擺盤時

將元素重疊在一起能夠脫離原本的對立感，給人統合在一起、共同運動的感覺。往外發展的視覺效果則帶來正面印象。

平衡擺盤：融合（左右）

透過元素的重疊帶來韻律感

融合的要素在於性質相同，擁有共同特徵，透過不斷反覆就能形成動態感。

扇貝櫛瓜溫沙拉

Recipe

將扇貝和櫛瓜以熱過的平底鍋煎雙面，在盤上稍微重疊擺放，淋上加了薄荷和芹菜的萊姆醬。如果有薄荷葉可取適量裝飾。

擺盤重點

活用扇貝和櫛瓜天然的形狀加以融合排列，重複三次同樣的重疊擺法，就能帶來韻律感。

平衡擺盤：對立（上下）

上下（垂直）擺放同一道料理，加強印象

將同一道料理上下並排在一起，能夠加深料理給人的印象。

烏賊鑲普羅旺斯蔬菜雜燴

🍲 Recipe

將切成圓圈狀的烏賊下水燙一下，再將兩面烤
過。普羅旺斯蔬菜雜燴的材料只用紅椒，做好的
雜燴塞進烏賊圈中，盛盤時以百里香裝飾。

擺盤重點

人的眼睛常會產生錯覺，儘管上下擺放的烏賊大小一
樣，視覺上卻會覺得上方的物體較大。因此可以縮小上
方的烏賊大小，讓視覺呈現平衡。

對稱、不對稱、鏡射

空間中的兩種圖形面對基準線，互相對照保持協調，稱為對稱。一般大多會聯想到左右對稱，但其實還存在著其他種類的構圖。

<table>
<tr><td align="center">**對稱**</td><td align="center">**不對稱**</td></tr>
<tr><td align="center">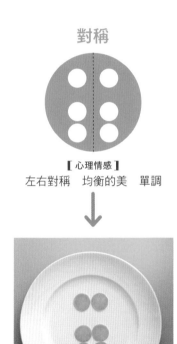</td><td align="center">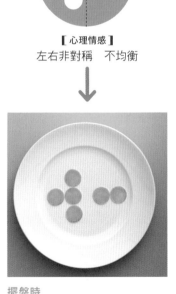</td></tr>
<tr><td align="center">【 心理情感 】
左右對稱　均衡的美　單調</td><td align="center">【 心理情感 】
左右非對稱　不均衡</td></tr>
</table>

擺盤時

以某條軸為中心左右對稱，形成均衡的美麗構圖。但有時過於平衡會給人單調的印象。派對等場合可以活用這種擺盤。

擺盤時

對稱雖然是讓人安心的均衡構圖，但容易流於單調。若想打破這種平衡，可以使用非對稱，將帶來搶眼的視覺效果。

鏡射① 鏡射②

【心理情感】
鏡像　背對背

【心理情感】
鏡像

↓

↓

擺盤時

兩個面夾著基準線如照鏡子般
對稱，稱之為鏡射。這是法式
料理的傳統擺盤方法。

擺盤時

想為傳統的擺盤賦予變化時可
以嘗試這種構圖。與軸之間的
距離感將為盤面內的空間傾注
樂趣。

鏡射①擺盤

適合用在家禽類及甲殼類食材

這種擺盤可以發揮家禽類及甲殼類食材的原始形狀。

異國風煎雞翅

🍲Recipe

用熱過的平底鍋將雞翅煎得恰到好處後，加入魚露、蜂蜜、醋、豆瓣醬、五香粉、醬油調味。將雞翅盛盤，如鏡子反射般擺放。如果有豆苗可取適量裝飾。

擺盤重點

以盤子中央的垂直線作軸，呈現出鏡射的擺盤。活用雞翅的形狀，奢華地使用盤中的空間，完成帶有高級感的料理，宴客時可以嘗試這種擺法。

對稱擺盤

均衡帶有節奏的優美擺盤

適合初學者的擺盤方法，左右對稱的均衡構圖給人安定感。

香菇鑲肉佐香醋

🍲**Recipe**

將拍碎的雞絞肉、薑、蛋白、鹽、胡椒混在一起塞進香菇菌蓋中，再放進橄欖油熱過的鍋中油煎。煎好後切成一半盛盤，淋上香醋。

....

擺盤重點

以垂直軸對稱排列，滴上香醋則讓安定的構圖產生動態感。

不對稱擺盤

均衡但自由的擺盤

雖然是不對稱構圖的擺盤，視覺上卻有著左右對稱的平衡，形成一種不平衡的平衡感。

炸蘑菇佐馬鈴薯

🍲**Recipe**

將蘑菇仔細洗乾淨後下鍋油炸。奶油起司、碎洋蔥、迷迭香、黑胡椒拌勻後放在炸好的蘑菇上。燙過的馬鈴薯以圓形模具取型，放在炸蘑菇上。將料理盛盤，如果有蘿蔔苗可取適量裝飾。

....

擺盤重點

以垂直線作軸的不對稱擺盤，加上常見的左右對稱擺盤，為空間增添樂趣，整體呈現恰到好處的節奏感。

平行、旋轉

平行指的是兩條線永遠不會相交，旋轉指的是將元素旋轉就能回到原點。

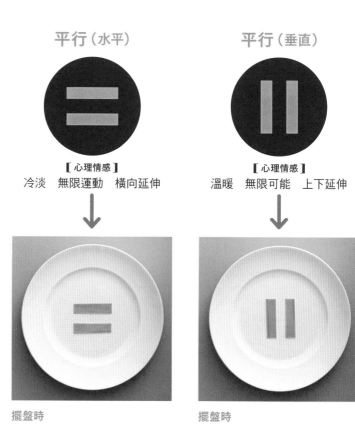

平行（水平）

【心理情感】
冷淡　無限運動　橫向延伸

平行（垂直）

【心理情感】
溫暖　無限可能　上下延伸

擺盤時
兩條簡單的直線維持同樣距離的緊張感，帶有無限向外延伸的可能性。想要表現正面印象時可以選用這種構圖。

擺盤時
兩條線保持相等間距，給人一同往上下成長的活力，並帶有筆直往上延伸的氣勢。

平行（傾斜）

【心理情感】

上升　調和　些微的緊張

↓

擺盤時
構圖上呈現往上攀升的氣勢，
同時混雜往外延伸的緊張以及
兩條線內部的緊張感。

旋轉

【心理情感】

對稱　圓形

↓

擺盤時
同樣的圖形以一點為中心，反
覆排成一圈又回歸原點。旋轉
的軌跡形成完美的圓，呈現出
優美的擺盤。

平行擺盤：水平

向外拓展的安定感

水平的平行線給人往某處延伸的感覺。左右對稱的均衡構圖給人安定感。

香煎鮭魚佐雞湯煮韭蔥

🍲 Recipe

將切成條狀的鮭魚下鍋油煎。盤中擺上以雞湯烹煮的韭蔥，淋上酸豆醬，放上香煎鮭魚，再平行擺上細香蔥。

擺盤重點

在平行線上重疊擺放配菜、醬汁和主食材能夠強調線條，最後放上畫龍點睛的細香蔥。構圖安定的同時，亦帶有向外延伸的意象。

旋轉擺盤

重複同樣性質的元素，帶出旋轉效果

以盤子的正中央為中心，重複排列同樣要素的組合一圈後，再次回到原點，
描繪出一圓形，表現旋轉的動感。

甜蝦沙拉

🍲**Recipe**

荷蘭豆下水川燙，彩椒、粉色蘿蔔、櫛瓜切丁，
再以沙拉醬醃漬。在盤中放上甜蝦，並於中間擺
上荷蘭豆、蔬菜丁。

擺盤重點

透過重複擺放甜蝦和荷蘭豆表現出旋轉感，並在荷蘭豆
上隨意擺放蔬菜丁，增添自由的變化，為擺盤加分。

組合

將設計元素放在關鍵位置可以做出某一形狀，儘管不是
完整的形狀，卻能透過視覺補正完成，擺放料理時也能
以此做為平衡基準。

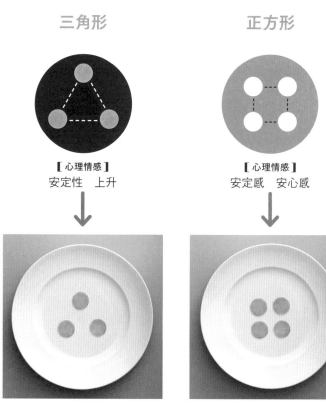

三角形

【心理情感】
安定性　上升

正方形

【心理情感】
安定感　安心感

擺盤時
帶有安定感的均衡配置，三個
元素維持對等關係。

擺盤時
平衡感十足的簡單構圖，雖然
帶有安定感，但是為了不讓印
象過於單調，可以在料理上加
些變化。

菱形	圓 （聯想到正多邊形的圓）

【 心理情感 】 鑽石造型　平行	【 心理情感 】 圓形　對稱性（正多邊形）

擺盤時
菱形是正方形受到水平壓力變
形而成的四邊形，給人往外無
限平行延伸的印象，構成帶有
動感的安定擺盤。

擺盤時
讓人聯想到圓形的正多邊形，
在元素的配置上帶有對稱性，
塑造出完美的形狀。

組合擺盤：三角形

均衡的簡單擺盤

安定的擺盤但又帶有上升感，料理之間能夠取得平衡，泛用性相當高。

炸土魠魚仙貝

🍲Recipe

將土魠魚切丁撒上麵粉、沾麵糊後，裹上加有仙貝碎片的麵衣油炸。在盤中鋪上羅勒和香草製成的醬汁，放上炸土魠魚。如果有迷迭香可取適量裝飾。

擺盤重點

切成四方形的土魠魚具有安定感，將其擺成三角形則能形成穩定的構圖，發揮相乘效果，完成沉穩冷靜的擺盤。

組合擺盤：圓（聯想到正多邊形的圓）

帶有對稱性的優美擺盤

正多邊形的均衡感十足，排成圓形則讓料理更顯優美。

韃靼鮪魚佐青紫蘇酪梨

🍲**Recipe**

將鮪魚切丁和蒜油、鹽巴、胡椒、醬油拌在一起，接著以圓形模具取型，放上青紫蘇和酪梨。

擺盤重點

在圓形的假想線上排成正五邊形，讓韃靼鮪魚形成完美的平衡。

立體

volume

「面」是「線」的集合體，「立體」則是由許多「面」
所構成，是從空間拓展至三次元，具存在感的元素。

立方體

球體

圓柱體

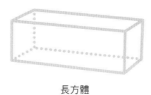

長方體

設計中的「立體」

「立體」是「點」、「線」、「面」構成的空間

　　「立體」在數學中的定義是「具有位置、長度、寬度、厚度，占有部分空間。從形狀、大小、位置來看則稱為物體。具有三次元廣度（感覺上）。」（引用自三省堂《廣辭林》第六版）。

　　「立體」的表面除了「面」，還有「點」的移動軌跡聚集而成的「線」。換言之，「立體」包含了各式各樣的元素。

在擺盤中活用「立體」

用「立體」拓展擺盤的範疇

　　「裝盛出高度的擺盤，讓料理展現層次感。」是擺盤常用的手法。立體擺盤並非單純將料理疊高，若能意識到代表料理個性的面，可帶來更高的心理成效。不僅只是平鋪在盤子上，而是涵蓋盤子三次元空間的表現，因此視覺衝擊會更強烈。

立體

「立體」是由多個「面」構成，這些「面」的形狀所具備的心理情感有著強烈的影響力。用「立體」擺盤可提高空間的演繹能力。

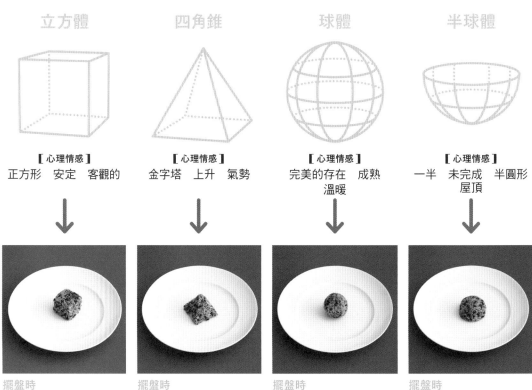

立方體	四角錐	球體	半球體
【心理情感】	【心理情感】	【心理情感】	【心理情感】
正方形　安定　客觀的	金字塔　上升　氣勢	完美的存在　成熟　溫暖	一半　未完成　半圓形　屋頂

擺盤時

雖然也可直接用方形模具取型，但是若將多種食材組成如同拼花木材般的面，可讓料理呈現豐富多元的表情。

擺盤時

利用正方形的大小逐漸變化所構成的立體，側面為三角形。具穩定感，同時可表現充滿上升與氣勢的活力。

擺盤時

球體不管從哪個角度看都有完美的面，是由圓形所構成的漂亮立體。另一方面，粗略地塑形能夠營造溫暖與輕鬆的氛圍。

擺盤時

變成球的中途階段，具有持續成長的力量感。也是料理常用的立體造型之一。

圓柱	圓錐	長方體	三角柱

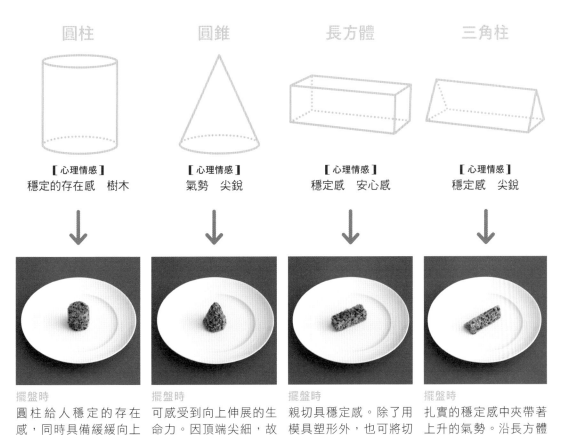

【心理情感】
穩定的存在感　樹木

【心理情感】
氣勢　尖銳

【心理情感】
穩定感　安心感

【心理情感】
穩定感　尖銳

擺盤時
圓柱給人穩定的存在感，同時具備緩緩向上生長的形象。很容易活用在擺盤上。

擺盤時
可感受到向上伸展的生命力。因頂端尖細，故可演繹出具速度感與緊張感的擺盤。

擺盤時
親切具穩定感。除了用模具塑形外，也可將切成長方形的食材疊成千層派的形狀。

擺盤時
扎實的穩定感中夾帶著上升的氣勢。沿長方體側面（四邊形）的對角線切成兩半即可輕鬆成形。

立方體擺盤

將麵團製作成立體狀

為了直接用食材表現立體的形狀，將派皮或塔皮麵團塑形、烘烤成立體狀。

塔可派

🍲Recipe

將冷凍派皮切成兩片正方形，再把其中一片的中間挖空成正方形。分別塗上蛋液後疊放，進烤箱充分烤至上色。中間塞入剁碎的萵苣、起司絲、墨西哥風味肉餡，如果有百里香、辣椒可取適量裝飾。

擺盤重點

為了將派皮麵團烤成立方體，將麵團切成正方形。利用麵團本身完成立體形狀。

半球體擺盤

將液體食材倒入模具形成立體狀

慕斯、巴伐利亞布丁、焦糖雞蛋布丁等液體食材倒入模具製成立體狀。
利用各種模具比較能夠輕鬆完成。

青豆慕斯

Recipe

用雞湯燉煮青豆，再趁熱加入浸泡過的明膠煮至
溶解，接著倒入攪拌機，攪拌至順滑濃稠後，泡
冰水降溫。加入打發至八分發的鮮奶油拌勻，倒
入半圓形模具中冷卻凝固。先在盤中鋪一層青
豆，再擺上慕斯。

擺盤重點

光滑無瑕的鮮綠色半球體，青豆慕斯的模樣非常討喜，
與平鋪在慕斯下方的圓潤青豆呈現和諧的氛圍。

長方體擺盤

強調立體的「面」（形狀）

設法強調構成立體的多個「面」的形狀，可強化心理情感。

鮭魚飯沙拉

Recipe

溫白飯中加入切碎的芹菜、調味醬攪拌，充分放涼。利用矩形模具塑形後，再擺上切成相同大小的鮭魚片。如果有酸豆、芹菜可取適量裝飾。

擺盤重點

利用鮭魚片作為立體的「面」，藉此增添視覺印象，呈現華麗與穩定感兼具的擺盤。

圓柱擺盤

用模具把鑲菜變「立體」

鑲菜放進模具中，比較容易製成「立體」。請活用各種模具吧！

捧花風馬鈴薯沙拉

🍲 **Recipe**
圓形壓模內側先鋪上切成薄長片的小黃瓜，然後填入馬鈴薯沙拉，再擺上切碎的粉紅色蘿蔔、迷你蘆筍、小蘿蔔、皺葉萵苣、迷你小番茄。

擺盤重點
馬鈴薯沙拉放入模具前先配置小黃瓜，這點很重要。這個動作可讓料理呈出更漂亮平滑的圓柱體模樣。上頭的蔬菜裝飾具增豔效果。

※鑲菜（farce）是生食或熟食切碎後攪拌調和的料理。

色彩

Colors

雖然色彩賦予的心理情感因人而異,但我們都深受色彩的影響。色彩組合與周遭色彩的加乘效果,也會改變視覺觀感。同樣的道理,食物給人的印象,也會因顏色與色彩的組合而大幅改變。

強調(注目)

調和(Red & Orange)

對比(與醬汁的對比)

對比(與黑色盤子的對比)

強調(配料〔集中〕)

調和(Green & Yellow)

設計中的「色彩」

「色彩」是大幅左右整體印象的要素

　　時代、民族、地域、文化等背景差異，對於色彩形象的聯想也會產生變化。我們受到留存記憶的色彩印象所驅使，從而產生心理情感。也就是說，根據色彩設計出來的事物，較容易讓人產生明確的聯想。此外，不僅僅是單一顏色具備的表現，色彩組合與周遭色彩也會讓整體印象大幅改變。光是色彩，就有說不完的多種作用。

在擺盤中活用「色彩」

在料理的配色上，巧妙地活用色彩心理學

　　雖然「食物色彩搭配得宜的擺盤很重要」，但是並非單純讓顏色看起來漂亮而已，若能考慮配色的各種效果，將可讓擺盤更具震撼力。請巧妙活用色彩賦予的心理效果，藉此拓展料理的表現。

調和

想讓盤中呈現一致的世界觀時，即便是質感不同的食材與料理，只要利用同色系的色彩整合，即可衍生自然感與統一感。

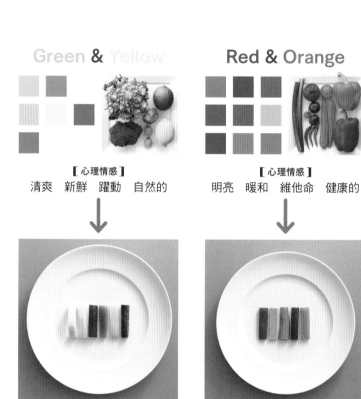

Green & Yellow

【 心理情感 】
清爽　新鮮　躍動　自然的

Red & Orange

【 心理情感 】
明亮　暖和　維他命　健康的

擺盤時
可感受到自然活力、明亮與療癒的配色。讓人聯想到新鮮蔬菜、香草、水果的色彩。

擺盤時
可感受到美味的橘色，以及表現強烈生命力的紅色，都是活力湧現的色彩象徵。有許多讓人熟悉的食材，如：番茄、紅蘿蔔、辣椒。

Pink & Purple

【心理情感】
魅力的　優美的　高貴

↓

擺盤時
粉紅色的可愛及幸福感,與紫色的高級感及妖豔完全相反。極端共存的雙重涵義散發神祕的魅力。可活用的食材也很多,如:葡萄、菊苣、甜菜。

Brown

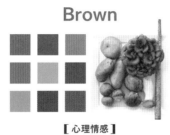

【心理情感】
自然的　沉穩　根　溫暖

↓

擺盤時
褐色是生活周遭的自然色、孕育食物的大地色,自古以來一直是我們倍感親切的色彩。善用褐色和米色等不同色調施予濃淡變化,可展現韻律感。

調和擺盤：Red & Orange

可感受到美味的暖色系配色

色彩印象會賦予料理極大的影響。紅色和橘色是能夠聯想到美味的色彩。可促進食慾。

糖漬紅蘿蔔漢堡排三明治

🍲Recipe

在多明格拉斯醬上面疊放小漢堡和圓形壓模取型的紅蘿蔔甘露煮，再擺上醃紅椒。周圍用迷你小番茄點綴裝飾。

擺盤重點

透過紅蘿蔔甘露煮、醃紅椒、新鮮迷你小番茄等質感不同的紅色食材，替色彩與口感增添趣味。

調和擺盤：Green & Yellow

詮釋新鮮食材的鮮美程度

綠色的對比讓人聯想到鮮採蔬菜的上等口感。用黃色的躍動感增加鮮度。

青豆醬綠沙拉

Recipe

先鋪一層花椰菜醬，再將燙過的扁豆、豌豆、小黃瓜盛盤。擺上巴西利葉後，從上方磨碎檸檬皮，連同鹽漬檸檬一起撒入盤中。

擺盤重點

用花椰菜、扁豆、豌豆、小黃瓜這四種不同的綠色來表現，同時也可享受多種口感。再輔以檸檬皮的黃及醃漬檸檬的白，演繹出一道清爽的擺盤。

調和擺盤：Pink & Purple

在個性化配色的擺盤中注入玩心

食材的色彩展現強烈震撼力之餘，連擺盤也獨一無二。
是道風格獨具、魅力橫生的擺盤。

紫高麗菜雞柳沙拉

🥄Recipe

雞柳用白酒蒸熟，放涼後撕成細絲備用。把紫
高麗菜絲、黑加侖芥末醬、雞絲拌勻，利用圓
形壓模取型後擺入盤中，最後放入紫洋蔥薄
片、芥末醬。

擺盤重點

擺盤用的食材、醬料全部是圓形，可愛與溫暖感油然
而生。利用紫洋蔥薄片的漸層演繹出韻律與動感。

調和擺盤：Brown

微調沉穩配色的色調，演繹律動感

食材全部使用深褐色，乍看之下容易顯得過於樸素。
但只要混合不同色調的食材，就能創造動態與韻律感。

嫩煎豬排佐香草堅果醬

🍲Recipe

豬肉抹上鹽和胡椒，煎至兩面焦黃，切成正方
形疊放盤中。接著擺上烤香菇，放入在橄欖油
中拌勻的碎杏仁、黑橄欖、羅勒、炒洋蔥，最
後再灑上堅果即可。

擺盤重點

豬肉切成正方形可展現穩定感。香菇與豬肉的深褐焦
色，搭配堅果與配料的米色，形成明朗輕快的擺盤。

對比 (Contrast)

兩個事物比較時產生的差異，稱為對比。對擺盤而言，色彩的相輔相成特別重要，接下來將利用與料理接觸的盤子與醬料的色彩來思考擺盤。

與黑色盤子的對比	與彩色盤子的對比	與醬汁的對比

【心理情感】	【心理情感】	【心理情感】
力量　冷酷　雅致　正式的	不同色彩有各自的心理情感 （參考 122 頁）	隨著色相之間的距離感而變化 （參考 190 頁）

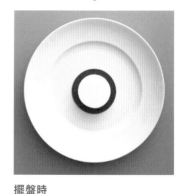

擺盤時

黑色是色彩中最暗的顏色，可襯托出食物顏色的明亮，讓料理顯得更美觀。

擺盤時

食物與盤子顏色的亮度差，會改變兩者之間的均衡。如果食物是明度最高的白色，利用彩色盤子將加倍襯托出食物的白。

擺盤時

色相距離大者，對比較強。色相距離小者，對比較弱。想讓醬汁與食物充分融合？或是想襯托出各自的色彩？請視需求變更色彩表現。

對比擺盤：與醬汁的對比 ○

類似色利用色調差，做出對比

類似色的協調性佳，可完成具統一感的料理。
想要增添變化時，改變色調即可讓氛圍產生差異對比。

香煎棒棒腿佐甜菜奶油醬

🍲 **Recipe**
棒棒腿抹上鹽和胡椒，煎至焦黃後取出備用。鍋中加入奶油，先將洋蔥丁、甜菜丁炒熟，再倒入白酒、雞湯、鮮奶油煮至濃稠，最後用鹽及胡椒調味。盤中先鋪上醬汁，再擺上香煎棒棒腿，完成。

擺盤重點
甜菜的粉紅色屬紅色系中的亮色，香煎棒棒腿的焦黃色屬於橘色系中的深、暗色。紅色與橘色是類似色。也就是說，這是活用類似色的色調差異來配色的擺盤。

對比擺盤：與黑色盤子的對比

用黑色盤子襯托食物的顏色

食物放在黑色盤子上會引發明度對比，使其看起來比實際的顏色更鮮明。
蘊藏高級感的黑色盤子讓人著迷，襯托料理之美，是深受歡迎的盤子。

奶油燉棒棒腿

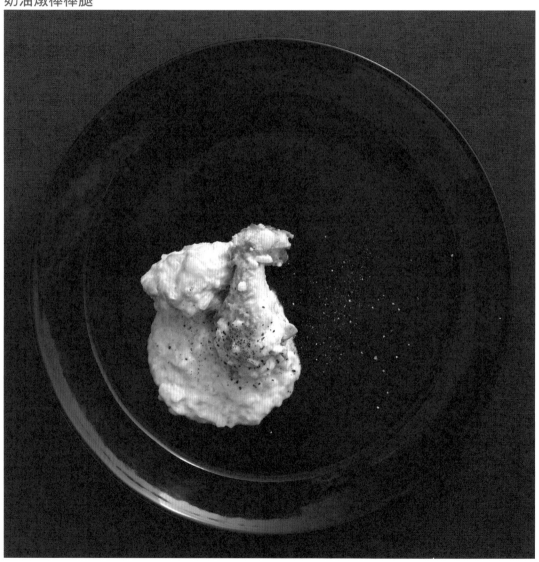

🍲 Recipe

棒棒腿抹上鹽和胡椒，煎至焦黃後取出備用。鍋中加
入奶油，先將洋蔥丁炒熟，再將雞肉放回鍋中，倒入
白酒、雞湯，用小火燉煮。接著加入鮮奶油，用鹽及
胡椒調味，煮至濃稠後盛盤，再撒上黑胡椒，完成。

擺盤重點

奶油燉棒棒腿這道白色料理與黑色的明度極端相反，
裝盛在黑色盤子內，奶油的白色顯得更白。與黑色盤
子的對比，讓料理的魅力倍增。

對比擺盤：與彩色盤子的對比

彩色盤子讓食物格外好看

根據與食物色彩的均衡性，有顏色的盤子能與食物相互輝映，也可能讓食物顯得不夠完美。
尚未熟悉前，建議先從不容易受色彩影響的白色料理開始著手。

奶油燉棒棒腿

🍲**Recipe**

棒棒腿抹上鹽和胡椒，煎至焦黃後取出備用。鍋中加入奶油，先將洋蔥丁炒熟，再將雞肉放回鍋中，倒入白酒、雞湯，用小火燉煮。接著加入鮮奶油，用鹽及胡椒調味，煮至濃稠後盛盤，再撒上黑胡椒，完成。

擺盤重點

沉穩的紅色盤子，讓白色料理奶油燉棒棒腿顯得格外好看。不光是盤子的色相，與明度和彩度也息息相關。白色比較不會與其他顏色爭奇鬥艷，也較容易完成漂亮的擺盤。

強調

強調，指的是設計表現單調時，為了產生畫龍點睛的效果，或想凸顯群組中某樣事物時使用的手法。料理中也可多加運用此一擺盤技巧。

個別強調

[心理情感]
多色　衝擊力

↓

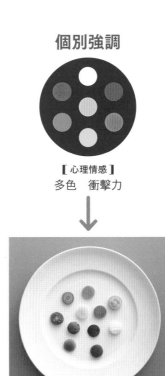

擺盤時
為了凸顯各自的個性，使用多樣食材或多種料理的多色擺盤。以能夠看出顏色落差、色調區別等明顯差異者為佳。

注目

[心理情感]
不協調　共通性與差異

↓

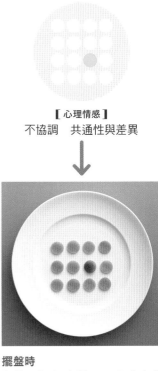

擺盤時
想替單調組合增添緊張感時非常有效的擺盤手法。舉例來說，派對裡多份相同的開胃小點，只要改變其中一份的食材，就能產生聚焦效果。

配料（集中）

【 心理情感 】
點綴　緊張　變化

↓

擺盤時
香草的鮮綠色是強烈的顏色，
與許多種食材的色彩搭配都很
容易形成對比。活用香草的原
始外形作為裝飾，可直接感受
自然並得到療癒。

配料（分散）

【 心理情感 】
點綴　韻律　喧鬧

↓

擺盤時
把香草與香料切碎或撕碎，讓
看不出原貌但具相同形態的碎
片反覆呈現，藉此營造韻律與
喧鬧感，將使單調的料理變熱
鬧。

強調擺盤：注目

用對比色強調均等的排列

整齊規律的排列中，在其中一處採用對比色，即可賦予視覺衝擊，有效吸引目光。

小黃瓜堅果三明治

🍲**Recipe**

吐司用小型模具取型後放入平底鍋煎，取出後塗上奶油，夾入拌勻的碎火腿與美乃滋，再擺上用些許鹽調味過、充分瀝乾水分的小黃瓜薄片。只有一個是用燙過的甜菜薄片。

擺盤重點

甜菜的深紫色替小黃瓜的淺綠色增添了強烈的印象。這是因為兩者不僅是對比色，同時還有色調差。

強調擺盤：配料（集中）

有效使用白色作為深色食材的裝飾配料

為了避免香草的顏色與深色食材或料理過於融合，在其附近使用明度高的白色食材。

生火腿紫米奶油燉飯

🍲**Recipe**

芹菜切碎後加進用奶油炒過的紫米飯，再放入生火腿、雞湯、鮮奶油煮至濃稠後關火。用圓形壓模取型後擺在盤中央，上面用鮮奶油裝飾。最後擺上巴西利，完成。

‥‥‥‥‥‥‥‥‥‥‥‥‥‥‥‥‥‥‥‥‥‥‥‥‥

擺盤重點

紫米飯的深色與巴西利的深綠色過於相似，感覺同化在一起。加入白色後，將有效發揮區隔作用。

強調擺盤：配料（分散）

用香草或香料點綴單調的空間

將切碎撕碎至看不出原貌的香草或香料，隨意撒在盤子或料理上，增添熱鬧的律動感。

生火腿紫米奶油燉飯

🍲**Recipe**

芹菜切碎後加進用奶油炒過的紫米飯，再放入生火腿、雞湯、鮮奶油煮至濃稠後關火。用圓形壓模取型後擺在盤中央，上面用鮮奶油裝飾。最後擺上巴西利，完成。

‥‥‥‥‥‥‥‥‥‥‥‥‥‥‥‥‥‥‥‥‥‥‥‥‥

擺盤重點

並非直接裝飾在食物上，而是將切碎的巴西利隨意撒在盤內，營造熱鬧感。

色彩的基礎知識 1

何謂色彩

人眼所及的事物，看起來彷彿各有其既定的色彩，事實上卻是感覺到事物吸收的光線波長，然後將各種資訊經過統合，最後再由腦部判斷出是什麼顏色。

以色彩學的觀點來看，色彩是由色相、明度、彩度這三種屬性所構成。色相指的是色彩，如紅、藍、綠等顏色；明度是色彩的亮度，最亮的是白色，最暗的是黑色；彩度是色彩的鮮豔程度。除此之外，思考配色時，還有一個很重要的因素：色調。色調是明度與彩度的總和，也就是色彩的明暗、濃淡與強弱等等。

色彩賦予的形象（心理情感）

色彩具有撼動人類情感的力量。色彩的形象會隨著國家、地域、環境、經驗等因素而有所差異，在此介紹普遍認知的心理情感。

● 紅	興奮　熱情　愛　活力　太陽　血　火
● 橙	暖和　健康的　開朗　容易親近　快樂　活潑
黃	明朗　希望　躍動　喜悅　光　健康
● 綠	安心　安全　自然　平靜　和平　新鮮　植物
● 藍	安心　集中　知性　冷靜　孤獨　誠實
● 紫	高貴　神祕的　妖豔　不安　女性化　不開心
● 粉紅	快活　年輕　甜蜜　幸福　可愛
● 褐	自然　安心　沉穩　鬱悶　根　溫暖　土
○ 白	純粹　神聖　向上心　和平　天真　清純
● 黑	安定　孤獨　力量　高級感　雅致　正式的　絕望感

第 3 章

依照場合來擺盤
（應用篇）

前文提過，思考擺盤時，用餐者的需求與環境很重要。也就是說，用餐情境是改變擺盤的一大要因。本章會將同一道料理，區分出「日常」、「宴客」、「派對」三種不同情境的擺盤，藉此表現視覺印象的變化。以設計的基本為基礎，並附加重點解說，希望能讓人感受到料理擺盤所表現的心理情感。

01- 冷盤式前菜

目日理經擺盤是食的前菜，因為若個就食慾，擺盤意是的特色，味的不甲訊，裏在卡取口參叫效用的符。

扇貝卡巴喬

近年來，發揮食材原味的傾向日益高漲，以新鮮的生海鮮做成的卡巴喬（Carpaccio）和韃靼料理大受歡迎。海鮮裡頗有人氣的扇貝可活用於各種風格的擺盤，堪稱萬能食材。

🍲Recipe

材料：2 人份

扇貝：小型 6 個
紫高麗苗：1/3 包
蘿蔔苗：1/3 包
茗荷：2 個
紫芽：適量

A {
　鹽、胡椒：各適量
　沙拉油：2 大匙
　米醋：1 又 1/2 大匙
　砂糖：1/2 小匙
　黑七味粉：少許
}

作法：

1. 茗荷和紫芽切碎後與 A 料拌勻，配菜即製作完成。
2. 扇貝依喜好的厚度切片後擺入盤中，取適量的蘿蔔苗、紫高麗苗、紫芽、步驟1的配菜裝飾。

①菜單的考慮重點

· 品嘗新鮮的扇貝（料理的流行趨勢）
· 扇貝是廣受喜愛的人氣食材（食材的人氣度）
· 食材外觀賞心悅目（視覺效果）
· 帶酸的調味可促進食慾（冷盤式前菜的作用）

②不同場合的擺盤構思

日常		●份量感十足的擺盤 ●法式小館風格
宴客		●充滿驚喜的擺盤 ●表現出非日常感
派對		●所有人都容易取用的配置 ●華麗的擺盤

「日常」扇貝卡巴喬 ‖ → 129 頁

「宴客」扇貝卡巴喬 ‖ → 128頁

「派對」扇貝卡巴喬 ‖ → 129 頁

Scene 宴客 (→ 126 頁)

賦予非日常感的風格擺盤

將扇貝自然溫暖的渾圓外形，搖身變成帶冷酷感的正方形，
擺盤顯得摩登時尚。

a. 扇貝的切法

將扇貝薄片切成正方形後
並排。扇貝切整後的邊線
應與盤子邊緣平行。

b. 嫩芽

使用蘿蔔苗、紫高麗苗兩
種顏色，不僅豐富配色，
還能展現韻律感。另外，
葉子與根部也可衍生出方
向性。

d. 配菜

茗荷與紫芽製成的配菜，
替擺盤增添些許粉紅色。

c. 紫芽

利用其深紫色與葉綠色，
與嫩芽的色彩形成對比，
替料理畫龍點睛。

💬 擺盤重點

嫩芽的線條、扇貝切整成方形的線條、紫芽排列成的
線條，這三條水平線的配置營造出緊張感。將長方形
盤子擺成縱向來使用，更增添非日常感。

器皿挑選重點：沒有盤緣的器皿，比較容易安排擺
盤。

⋯ 應用的基本構圖

面　表現「形狀」的面（正方形）➔
配置平衡　平行（水平）

🔖 擺盤順序

扇貝擺放成正方形，再讓蘿蔔苗、紫高麗苗、紫芽與
扇貝呈平行配置。

𝒮cene 日常 (→ 125 頁)

份量滿點的法式小館

利用小盤子讓擺盤展現份量感，賦予輕鬆悠閒的印象。用橢圓盤營造法式小酒館的氛圍。

a. **扇貝**切成薄片

b. **蘿蔔苗和紫高麗苗**混合擺放

c. **紫芽**用作裝飾點綴

d. **配菜**淋在扇貝上

💬 擺盤重點

扇貝發揮其自然的原始形狀，切成薄片後沿盤子重疊擺放，表現出韻律及動感。結合兩種嫩菜在盤中央裝盛出高度，展現律動感。最後裝飾幾片紫芽，替整體料理營造畫龍點睛的效果。

器皿挑選重點：使用小型橢圓盤子，在家也可以輕鬆營造法式小酒館氛圍。

⭕ 應用的基本構圖

配置平衡　平衡（融合〔左右〕）　➜　⬭

🔖 擺盤順序

扇貝切薄片，沿盤子重疊擺放，中央擺上蘿蔔苗、紫高麗苗。裝飾紫芽，再繞著扇貝淋上配菜即可。

𝒮cene 派對 (→ 127 頁)

容易一口享用的可愛擺盤

在圓盤中彷彿畫圓般依序擺上食物，三百六十度皆可輕鬆取用的華麗擺盤，完成！

a. **扇貝**對半切片

b.c. **蘿蔔苗和紫高麗苗、紫芽**取少量擺在扇貝上

d. **配菜**取適量妝點在盤中央

💬 擺盤重點

扇貝、蘿蔔苗、紫高麗苗、紫芽取一人份依序擺放盤中，方便各自取用，非常推薦用於派對等場合。

器皿挑選重點：圓盤能和扇貝的圓形產生統一感，醞釀出優雅及暖和感。選用盤緣較寬的款式，可靈活運用作為擺盤空間。

⭕ 應用的基本構圖

點　多個點（圓形）　➜　◉

🔖 擺盤順序

扇貝切成一人份的圓片，擺在盤緣。蘿蔔苗、紫高麗苗、紫芽裝飾在扇貝上。配菜裝盛在盤子中央。

02- 熱前菜

貝奈特蝦餅

貝奈特（Beignet）是熱前菜的經典菜式，作法類似天婦羅，都是裹粉油炸，Q彈嫩蝦與酥脆麵衣的口感對比深受好評。利用不同的醬汁裝盛方式，大幅改變氛圍吧。

🍲 Recipe

材料：2 人份

蝦子：6 隻
鹽、胡椒：各少許

A
- 低筋麵粉：30g
- 高筋麵粉：30g
- 啤酒：90ml
- 速發酵母粉：3g

油炸用油：適量

B
- 美乃滋：50g
- 苦椒醬：2 小匙
- 蒜頭：少許（磨泥）

綜合生菜：適量
酸奶油：酌量

作法：

1. 蝦子預先處理好。A料、B料分別拌勻備用。
2. 蝦子撒上低筋麵粉（分量外），裹滿 A 料後用170°C 油炸。
3. 將綜合生菜、醬料B、步驟2 的料理裝盛至盤中。

① 菜單的考慮重點

- 貝奈特是熱前菜裡的經典佳餚（傳統的人氣菜式）
- 蝦子帶有柔嫩的味道，深受多數人喜愛（人氣食材）
- 蝦子的形狀獨特，且煮熟後會變紅色（視覺效果）

② 不同場合的擺盤構思

日常	● 家庭式的溫暖 ● 簡單的擺盤	
宴客	● 活用蝦子形狀 ● 具動感的擺盤	
派對	● 容易食用 ● 重視輕鬆取用性	

「日常」貝奈特蝦餅 ‖ → 135 頁

「宴客」貝奈特蝦餅‖→ 134 頁

「派對」貝奈特蝦餅‖→135頁

Scene 宴客 (→ 132 頁)

醬料與食材的造型協奏曲

醬料的氣勢與蝦子的配置和諧共處，
彷彿能感受到盤中蝦子活蹦亂跳之躍動感的擺盤。

a. 苦椒美乃滋

容易使用的凝結度，在盤中畫線時不易散
開。用美乃滋描繪出海浪般的聲波線條。

b. 生菜嫩葉

小型葉片挑幾片喜歡的形狀裝飾擺盤。
綜合使用各種葉子，可像香草般靈活運用
作裝飾配菜。

c. 細香芹

形狀纖細的香草。
作為料理的點綴。

e. 酸奶油

不僅可點綴味道，
與白色盤子形成的
對比、堆高呈現的
立體感，更替擺盤
增添變化。

d. 調味粉

辣椒粉和黑胡椒粉
皆可增添辣味。另
外，紅與黑的配色
視覺強烈。

f. 貝奈特蝦餅

蝦子裹粉油炸的西式炸物料理。

💬 擺盤重點

用醬汁繪製半徑相同的曲線，再將蝦子均衡地配置其
上。與蝦子成對裝飾的生菜嫩葉之綠，與蝦子的淡紅
色形成對比，替擺盤增添了變化。

器皿挑選重點：器皿沒有盤緣加上面積寬廣，可運用
空間大，易於思考構圖。

⭕ 應用的基本構圖

線　曲線（半徑相同的波浪線）
色彩　強調（配料〔分散〕）
→

⭐ 擺盤順序

用醬汁繪製曲線，再於其上均衡擺放炸蝦。酸奶油、
生菜嫩葉裝飾在蝦子周圍。最後取適量細香芹點綴，
撒上辣椒粉與黑胡椒粉。

Scene 派對 (→ 133 頁)

用 Finger Food 讓派對展露奢華

舉辦派對時，小巧精緻的尺寸頗受好評。祕訣
在於清楚區分一人份的排列方式。

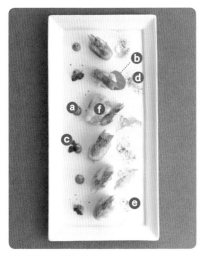

a. **苦椒美乃滋**點狀配置

b. **生菜嫩葉**只有一片，用不同種類來裝飾

c. **細香芹**　　　d. **調味粉**

e. **酸奶油**

f. **貝奈特蝦餅**擺放在盤子中央的垂直線上

💬 **擺盤重點**

苦椒美乃滋與酸奶油、細香芹與生菜嫩葉、辣椒粉與
黑胡椒粉的組合，以盤中央直線上的蝦子為分隔，反
覆擺放在左右兩側，從而衍生韻律感。

器皿挑選重點：長方形盤子可以直放，比較容易逐一
盛放一人份的食物。

⚙ **應用的基本構圖**

點　多個點（直線）　　　➜　

⭐ **擺盤順序**

長方形盤子直放。在中線上擺放貝奈特蝦餅，再依序
於蝦子左側放上酸奶油、生菜嫩葉、辣椒粉，右側放
上苦椒美乃滋、細香芹、黑胡椒粉。

Scene 日常 (→ 131 頁)

家庭式的溫暖擺盤

蝦子、生菜嫩葉、醬汁擺在小型盤子中營造衝
擊感，格外強調出份量。毫無綴飾的簡單擺
盤。

a. **苦椒美乃滋**集中裝盛在一處

b. **生菜嫩葉**份量多一點

c. **調味粉**替料理畫龍點睛

f. **貝奈特蝦餅**放在生菜嫩葉對面

💬 **擺盤重點**

蝦子、生菜嫩葉、醬汁各自帶有一定份量。點綴些許
調味粉，替料理增添畫龍點睛之妙。

器皿挑選重點：小型圓盤能做出具份量感的擺盤，就
算食物量少也沒關係。

⚙ **應用的基本構圖**

配置平衡　平衡（並列〔左右〕）　➜　

⭐ **擺盤順序**

蝦子、生菜嫩葉、醬汁協調地裝盛至盤中，最後撒上
調味粉。

03– 魚類料理 (主菜)

普羅旺斯風燉土魠

使用番茄、蒜頭、橄欖油烹調，是南法普羅旺斯的代表性在地料理。使用番茄來燉煮的調理手法在日本也深受喜愛。雖然是家庭式料理，只要藉由擺盤，即可增添變化。

🍲 **Recipe**

材料：2 人份
土魠魚片：2 片
蒜頭：1 個
紅辣椒：1/2 根
綠橄欖：4 顆（內鑲辣椒）
鹽、胡椒：各適量
麵粉：2 大匙
橄欖油：2 大匙
番茄醬：1/4 杯
白酒：2 大匙
百里香：適量

作法：
1. 土魠魚片切成適當大小，兩面抹鹽，出水後沖洗乾淨，擦乾後抹上麵粉。蒜頭切片備用。
2. 平底鍋中倒入橄欖油，以中火將土魠魚片煎至焦黃。
3. 將蒜頭、紅辣椒、綠橄欖加入步驟 2 的鍋中炒出香味，接著加入番茄醬、白酒、百里香，以中火燉煮 5～6 分鐘，再用鹽和胡椒調味。

①菜單的考慮重點

・土魠屬鯖科，白色肉質鮮嫩（食材的味道）
・番茄、橄欖、蒜頭的組合很受歡迎（人氣烹調手法）

②不同場合的擺盤構思

日常	● 溫暖的家庭式擺盤 ● 簡單的擺盤	
宴客	● 讓料理看起來樸實 ● 享受料理的風味	
派對	● TAPAS 風格 （小盤料理） ● 容易分食取用	

「日常」普羅旺斯風燉土魠 ‖ → 141 頁

「宴客」普羅旺斯風燉土魠 ‖ → 140 頁

「派對」普羅旺斯風燉土魠 ‖ → 141 頁

擺盤解說 普羅旺斯風燉土魠

Scene 宴客 （→ 138 頁）

簡單洗鍊的擺盤

為了享受土魠魚的原始風味，
番茄醬、百里香、橄欖油的細膩搭配尤其重要。

a. 土魠

切成方形，疊放兩層。

b. 番茄醬

為了享受魚本身的味道，在土魠魚上塗抹少量醬料即可。

c. 百里香

料理用的百里香均衡配置盤中，再於其上疊放土魠魚。

d. 綠橄欖

鑲辣椒的綠橄欖。切片露出內容物作為點綴。

e. 橄欖油

取代醬汁，在盤中淋上一圈，完成。

🗨 擺盤重點

控制口感強烈的番茄醬用量，以免蓋過土魠魚的味道，再用百里香和橄欖油點綴味道及擺盤。另外，利用切成方形的魚片與盤子形狀的統一感，以及魚片疊成兩層的存在感，充分展現料理的韻律，完成這道簡單細膩的擺盤。

器皿挑選重點：方盤能與土魠魚片的形狀衍生統一感。

⚙ 應用的基本構圖

立體　立方體
線　　拋物線
色彩　強調（配料〔集中〕）

➜

⭐ 擺盤順序

百里香擺至盤中，中間疊放兩層土魠魚。用橄欖切片裝飾，最後淋上橄欖油。

𝒮cene 日常 （→ 137 頁）

家庭式的溫暖擺盤

單純的擺盤散發安心感。份量適當的料理讓心與胃都能獲得滿足。

a. **土魠**直接使用魚片大小。

b. **番茄醬**大量使用。

c. **百里香**簡單點綴土魠魚。

d. **綠橄欖**直接裝飾。

💬 **擺盤重點**

土魠魚片的份量感、大量的番茄醬、簡樸不標新立異、讓人享受日常的美好，都是擺盤的重點。

器皿挑選重點：經典的圓盤。選用略小的尺寸以營造份量感。

⊙ **應用的基本構圖**

線　拋物線
色彩　強調（配料〔集中〕）　→

⭐ **擺盤順序**

土魠魚先裝盛至盤中央，淋上醬料，再用綠橄欖、百里香裝飾。

𝒮cene 派對 （→ 139 頁）

利用小盤子完成 TAPAS 風格的擺盤

不易分食的主料理預先用小盤分裝。外觀可愛且容易取用。

a. **土魠**切成符合小盤的大小。

b. **番茄醬**淋在土魠魚上。

c. **百里香**不擺在土魠魚上，而是裝飾整組盤子。

d. **綠橄欖**一顆顆逐盤擺放在土魠魚旁。

e. **小盤**裝盛一人份供取用。

💬 **擺盤重點**

裝盛一人份料理的小盤子要放入大盤內時，左右錯位配置以演繹規律變化。同時利用百里香協調裝飾，加強整體氛圍。

器皿挑選重點：用長方形大盤子取代托盤，與小盤的形狀協調性更佳。

⊙ **應用的基本構圖**

配置平衡　平行（傾斜）　→

⭐ **擺盤順序**

先在小盤中裝盛一人份的料理，再放入長方形大盤子內。最後用百里香裝飾整組盤子。

04- 肉類料理（主菜）

最能炒熱用餐氣氛的非肉類料理莫屬！肉類料理濃縮了食材的美味與濃厚的香氣，讓完成的擺盤充滿存在感。

義式烤牛肉片

將整塊牛肉煎烤後再切成薄片的牛肉片（Tagliata）是一道義大利經典料理。菜單投出簡單煎烤牛肉這記直球，也用具震撼力的擺盤展現食材本身的力量吧。

🍲Recipe

材料：2 人份

牛肉（里肌肉）：200g
芝麻菜：4 株
櫻桃蘿蔔：2 顆
帕馬森乳酪：適量
鹽：1/3 小匙
黑胡椒：適量
橄欖油：1 大匙
黑加侖芥末醬：適量

作法：

1. 鹽、黑胡椒加入牛肉（里肌肉）用手搓揉均勻。
2. 橄欖油以大火預熱，將步驟 1 的牛肉兩面煎出肉汁後，切成容易入口的大小。
3. 把芝麻菜和步驟 2 的牛肉裝盛至盤中，擺上削成薄片的帕馬森乳酪。加入黑加侖芥末醬、撒上黑胡椒，完成。

①菜單的考慮重點

- 牛肉是肉類料理中男女老少都喜愛的食材（人氣的高級食材）
- 簡單調理就能充分享用食材本身的風味（經典料理）
- 擁有賦予餐桌華麗感的力量（心理效果）

②不同場合的擺盤構思

場合	構思	
日常	● 道地義式風格 ● 份量滿點的悠閒感	
宴客	● 摩登時尚的擺盤 ● 用玩心表現非日常感	
派對	● 具設計性的擺盤 ● 風格化的擺盤	

「日常」義式烤牛肉片 ∥ → 147 頁

「宴客」義式烤牛肉片 ‖ → 146 頁

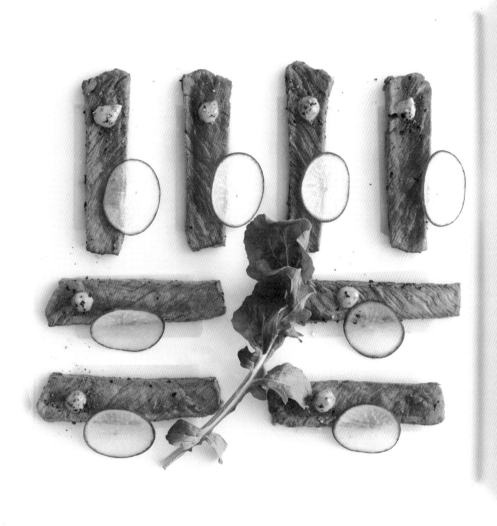

「派對」義式烤牛肉片∥→ 147 頁

擺盤解說 義式烤牛肉片

Scene 宴客 (→ 144 頁)

彷彿在畫布上作畫般的擺盤

在盤中猶如作畫般的擺盤，饒富玩心。
視覺上也讓人感到滿足的一道料理。

c. 芝麻菜

稍帶苦味的綠葉蔬菜。一片一片的形狀特別有風情。

e. 帕馬森乳酪

削成薄片後再切成長條狀，與相同形狀的肉塊相互搭配。

b. 黑加侖芥末醬

與法國第戎（Dijon）特產黑加侖調和的芥末醬。漂亮的色彩可作為點綴。

a. 牛肉

煎烤後稍微放涼，切成長條狀。並排多塊使其呈現正方形。

d. 櫻桃蘿蔔

不切，直接活用其圓滾滾的形狀。

💬 擺盤重點

切成長條狀的牛肉切口朝上擺成正方形。芝麻菜彷彿從肉中生長出來的配置，以及黑加侖芥末醬的配置，雙雙表現著躍動感。

器皿挑選重點：選用平整沒有盤緣的盤子，可用來設計擺盤的空間寬敞，表現性相對提升。

⭕ 應用的基本構圖

面　表現「形狀」的面（正方形）
點　多個點（直線）　➔ ■ ⚬⚬⚬

⭐ 擺盤順序

牛肉切成長條狀後盛盤，擺上芝麻菜、櫻桃蘿蔔、帕馬森乳酪，放上黑加侖芥末醬，撒上黑胡椒，完成。

𝒮cene 日常 （→ 143 頁）

義式小餐館的悠閒風格

溫熱的薄切牛肉片搭配大量沙拉的頂級奢華料理，用餐氣氛瞬間沸騰。

a. **牛肉**薄切後疊放。

b. **黑加侖芥末醬**添入盤中。

c. **芝麻葉**大量盛盤。

d. **櫻桃蘿蔔**切成容易食用的大小。

e. **帕馬森乳酪**撒入盤中。

💬 擺盤重點

將食材處理成容易食用的大小，盛裝出份量感。牛肉切薄片、櫻桃蘿蔔切成梳形小塊、帕馬森乳酪磨碎。器皿挑選重點：用橢圓形盤子展現隨興悠閒的印象。

⚙ 應用的基本構圖

配置平衡　平衡（融合〔左右〕）　　➔　

⭐ 擺盤順序

烤牛肉稍微放涼後切薄片盛盤。芝麻菜、櫻桃蘿蔔、帕馬森乳酪擺入盤中。添加黑加侖芥末醬，撒上黑胡椒，完成。

𝒮cene 派對 （→ 145 頁）

幾何學設計的擺盤

牛肉切成長條狀，用來表現幾何學的「線」。在協調配置的無機質相輔相成下，形成獨具設計風格的擺盤。

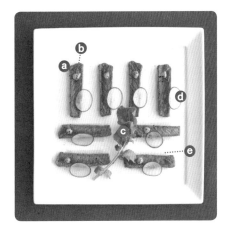

a. **牛肉**切成長條。

b. **黑加侖芥末醬**逐一添加在肉條上。

c. **芝麻葉**取適量裝飾整體擺盤。

d. **櫻桃蘿蔔**薄切成易食用的大小，
   逐一擺在肉條上。

e. **帕馬森乳酪**薄切成寬片狀。

💬 擺盤重點

將牛肉條擺放成設計好的水平線與垂直線，以此表現緊張與融合。帕馬森乳酪鋪在肉條下則再次強調了線條感，是摩登又現代的擺盤。

器皿挑選重點：選用方盤，才能夠與水平、垂直平衡配置的擺盤呈現統一感。

⚙ 應用的基本構圖

配置平衡　平行（水平）
配置平衡　平行（垂直）　　➔　

⭐ 擺盤順序

帕馬森乳酪先鋪在盤中，再於乳酪片上擺放切成長條狀的牛肉。再放上黑加侖芥末醬、櫻桃蘿蔔薄片，撒上黑胡椒，最後再用芝麻葉裝飾。

05_ 沙拉

尼斯沙拉

尼斯沙拉是發源自法國尼斯的沙拉。食材雖然是以番茄、鯷魚、橄欖、水煮蛋等為主，搭配各種食材的獨創吃法卻有很多種。既然是輕食料理，請多多善用創意獨特的擺盤來展現非日常感。

Recipe
材料：2 人份

水煮蛋：2 顆
馬鈴薯：小型 2 顆
扁豆：6 根
生菜：1 種
番茄：中型 1 顆
鮪魚：小罐 1 罐
鯷魚：2 片
黑橄欖：6 顆

〔沙拉醬〕
芥末醬：1/2 大匙
白酒醋：2 大匙
沙拉油：3 大匙
鹽、黑胡椒：各適量

作法：

1. 馬鈴薯和扁豆用鹽水燙熟後，切成適當大小備用。
2. 水煮蛋、番茄切成容易食用的大小，鮪魚去油後撕碎。
3. 生菜、步驟 1、步驟 2、鯷魚、黑橄欖盛入盤中，淋上拌勻的沙拉醬。

①菜單的考慮重點

- 健康意識高漲讓沙拉大受歡迎（流行的料理）
- 多種配料營造出豐盛感（心理效果）
- 熟悉的食材給人安心感（人氣的食材）

②不同場合的擺盤構思

日常	● 豐盛的沙拉 ● 具飽足感的份量 ● 簡單的擺盤	
宴客	● 摩登時尚的前菜 ● 充滿驚喜的擺盤	
派對	● 嶄新的擺盤 ● 意識到設計的線條 ● 容易分食的功能性	

「日常」尼斯沙拉‖→153 頁

「派對」尼斯沙拉 ‖ → 153 頁

「宴客」尼斯沙拉 ‖ → 152 頁

擺盤解說 尼斯沙拉

Scene 宴客 (→ 151 頁)

擺放成千層派的嶄新前菜

將食材疊放成千層派的細膩擺盤。家庭式料理也可藉由擺盤，
搖身一變成為一道摩登時尚的宴客佳餚。

a. 沙拉醬

活用芥末製作的油
醋醬。用顏色與氣
勢讓料理呈現動態
感。

c. 馬鈴薯

為了方便疊放食材，
將馬鈴薯切成圓片，
切面平整。

b. 鯷魚

強調鯷魚脊肉垂直線
的切片。

e. 水煮蛋

水煮蛋橫切圓片。
用明亮的色彩表現
輕盈感。

d. 番茄

番茄切圓片。與馬鈴
薯大小一致的話，可
讓擺盤更美觀。

🗨 擺盤重點

馬鈴薯、番茄、扁豆、鮪魚的尺寸與份量皆一致的擺
盤，較容易取得平衡。相對於整體食材擺放皆為垂直
線，感覺為水平線的鯷魚形狀格外有點綴效果。

器皿挑選重點：擺盤具有高度，加上玩心要素多，故
挑選平整的盤子。

◌ 應用的基本構圖

線　直線（垂直）
立體　長方體

★ 擺盤順序

先用沙拉醬在盤子中央畫出垂直線。再依序擺放馬鈴
薯、番茄、扁豆、鮪魚、水煮蛋，使其重疊堆高。再
取黑橄欖、鯷魚裝飾，撒上黑胡椒，最後放上生菜。

$\mathscr{Scene}$ 日常 (→ 149 頁)

隨興悠閒、份量豪邁的沙拉

食材隨意切塊，完成飽足感十足的沙拉擺盤。簡單的料理本身就有滿足感，不刻意裝飾，直接活用食材。

a. **沙拉醬**依喜好添加。

b. **鰻魚**用手撕碎。

c. **馬鈴薯**切成梳形營造存在感。

d. **番茄**切成梳形，與馬鈴薯形狀相符。

e. **水煮蛋**大膽地切成兩半。

💬 擺盤重點

將處理好的食材協調地盛入盤中。由於是單純的料理，建議擺盤時不須想太多。

器皿挑選重點：選用有深度的盤子才能表現立體感。

⚙ 應用的基本構圖

點　多個點（隨機）　　➜

⭐ 擺盤順序

生菜放入盤中，再均衡地放入馬鈴薯、番茄、扁豆、鮪魚、水煮蛋、黑橄欖，最後擺上鰻魚。

$\mathscr{Scene}$ 派對 (→ 150 頁)

把食物排列成幾何狀

食材水平並排，表現往左右延伸的「線」。嘗試融入設計感的嶄新擺盤。

a. **沙拉醬**也與食材一樣，平行淋上，強調水平線。

b. **鰻魚**直接使用脊肉，發揮其直線線條。

c. **馬鈴薯**縱向切半，再切成半圓片狀。

d. **番茄**使用與黑橄欖近似的大小以取得平衡。

e. **水煮蛋**切薄片。

💬 擺盤重點

所有食材都以水平線為意識，並排在一起。可一眼綜覽構成沙拉的食材。

器皿挑選重點：為了避免並排的食材滑落，挑選盤緣稍微隆起的盤子。

⚙ 應用的基本構圖

線　直線（水平）　　➜　

⭐ 擺盤順序

馬鈴薯、番茄、扁豆、水煮蛋猶如繪製斷開的水平線般裝盛至盤中。接著擺上黑橄欖、鮪魚、生菜，用鰻魚裝飾。最後淋上沙拉醬，再撒上黑胡椒。

06- 義大利麵

在義大利的全套料理中，義大利麵是第一道菜（Primo Piatto），是緊接在開胃菜之後，上主菜之前的料理。但是在亞洲，義大利麵多被視為一道主要單品，因此在思考擺盤時，可將其視為一道且份量的主食，或是像義大利人一樣視且為前菜，根據心中想法方向來處理。

番茄羅勒義大利麵

番茄醬是義大利麵的經典醬料。番茄的酸味搭配羅勒的清爽香氣深受喜愛，不管是日常吃的義大利麵，或是宴客與派對場合，皆可活用。

🍲 Recipe

材料：2 人份

義大利麵條：160g
橄欖油：3 大匙
蒜頭：2～3 片
番茄罐頭：1 罐
白酒：2 大匙
羅勒：2 瓣
鹽：1/2 小匙
黑胡椒：少許
砂糖：適量
帕馬森乳酪：適量

作法：

1. 製作番茄醬。
   平底鍋中加入剁碎的蒜頭與橄欖油，以小火仔細拌炒。加入罐裝番茄、白酒、鹽、黑胡椒，煮滾後用砂糖調味，慢慢燉煮。
2. 煮義大利麵。
   大量的熱水中加入鹽（份量之外），接著加入義大利麵條，煮的時間比外包裝指示少約 1 分鐘即可。
3. 步驟 2 加入步驟 1 的鍋中仔細拌勻，裝盛至盤中。
4. 撒上帕馬森乳酪、份量外的羅勒、黑胡椒、橄欖油。

① 菜單的考慮重點

- 番茄、羅勒是義大利麵的經典食材（人氣菜單）
- 活用細長義大利麵條（經典的義大利麵款式）

② 不同場合的擺盤構思

場合	構思	
日常	● 具安心感的日常風格 ● 表現出份量感	
宴客	● 容易食用 ● 表現出特別感 ● 開胃菜風格的擺盤	
派對	● 容易取用 ● 外觀可愛	

「日常」番茄羅勒義大利麵 ‖ → 159 頁

「宴客」番茄羅勒義大利麵 ∥ → 158 頁

「派對」番茄羅勒義大利麵∥→ 159 頁

𝒮cene 宴客 (→ 156 頁)

雅致有品味的擺盤

給人輕鬆悠閒感的義大利麵，
利用少量分裝的手法，營造細膩的印象。

a. 義大利麵條

細長型的義大利麵。
取少量分別盛盤且堆
出高度。

b. 羅勒

兼具點綴味道與擺盤
兩大用途。

c. 帕馬森乳酪

磨碎灑入盤中，替料
理增添風味。

d. 黑胡椒

能增添料理風味，又
能加持擺盤效果。

e. 橄欖油

完成後淋上，取代醬
汁作為點綴。

💬 擺盤重點

義大利麵條少量並堆高的擺盤，讓料理衍生韻律感。
一口大小則能營造高雅的感覺。

器皿挑選重點：義大利麵條為直線，盤子也挑選有直
線外觀的樣式，呈現統一感。

應用的基本構圖

點　多個點（直線）
線　曲線（相同半徑的波浪線）

📌 擺盤順序

先將義大利麵取少量並捲起堆高，再撒上帕馬森乳
酪、份量外的羅勒、黑胡椒、橄欖油。

$\mathcal{Scene}$ 日常 (→ 155 頁)

輕鬆愜意的擺盤

平時常吃的義大利麵，不管在家、小餐館，或是簡餐店裡，擺盤都很簡單。

a. **義大利麵條**在盤中央盛放出略帶高度的大份量擺盤。

b. **羅勒**猶如漂流般地裝飾其上。

c. **帕馬森乳酪**磨碎後灑滿盤中。

d. **黑胡椒**灑入盤中，替味道與擺盤增添畫龍點睛之妙。

💬 擺盤重點

義大利麵條集中堆高裝盛。羅勒擺放的位置會大幅改變整體印象，請根據欲呈現的形象進行裝飾與點綴。

器皿挑選重點：略帶深度的盤子才能在裝盛麵條時，讓麵條不會攤散開來，輕鬆呈現份量感。

⟳ 應用的基本構圖

點　大（存在感）
點　多個點（曲線） ➔

⭐ 擺盤順序

義大利麵條在盤中裝盛出高度後，撒上帕馬森乳酪、羅勒、黑胡椒。

$\mathcal{Scene}$ 派對 (→ P157 頁)

用小盤營造 TAPAS 風格的擺盤

義大利麵在派對中不易分食，事先用小盤分裝起來，不但方便多人享用，也可以預防食物飛濺四散。

a. **義大利麵條**裝盛至**小盤**中，方便賓客取用。

c. **帕馬森乳酪**切成薄片狀。
不僅可細細品嘗起司的風味，且意外地具有妝點效果。

d. **黑胡椒**灑入盤中。

💬 擺盤重點

用小盤子盛裝義大利麵，再配置於長方形大盤子內。小份量的義大利麵不僅容易入口，也方便賓客取用。

器皿挑選重點：小圓盤彷彿義大利麵盤的迷你版，不僅視覺可愛，還可替餐桌增添變化。

⟳ 應用的基本構圖

配置平衡　平行（傾斜） ➔

⭐ 擺盤順序

將義大利麵在小盤子裡盛出高度，再擺上帕馬森乳酪、羅勒，最後撒上黑胡椒。

07_ 三明治

起源自英國的三明治，如今已經在種種不同地區大受歡迎，無論手寫菜餚的內容，原本以輕巧的特徵廣為各地、現今，使用高級食材或對付簡單一點的時候等場合，這樣也能吃滿足了需求

B.L.T. 三明治

以份量滿點的培根、萵苣、番茄等配料製作的三明治，
因為能大量攝取蔬菜而深受喜愛。輕輕鬆鬆就能製作完
成的三明治，也可藉由擺盤讓形象煥然一新。

🍲 Recipe
材料：2 人份
吐司：4 片
奶油：15〜20g
芥末醬：10〜15g
培根：4 片
萵苣：6 片
番茄：大型 1 顆
彩色小番茄：適量
顆粒芥末醬：適量
沙拉油：適量

作法：

1. 培根放入加了沙拉油的平底
   鍋煎烤。番茄切片備用。

2. 吐司烤至焦黃後塗上奶油與
   芥末醬。

3. 步驟 2 的吐司擺上 1 片對
   半摺的萵苣，再依序疊放番
   茄、培根，最後再用另一片
   步驟 2 的吐司夾起來。

4. 切成喜愛的大小後盛盤，再
   放上彩色小番茄、添上顆粒
   芥末醬。

① 菜單的考慮重點

· 大量蔬菜的料理（健康取向、流行）
· 人氣餐點（經典菜色）
· 簡單的食材廣受大眾喜愛（熟悉的食材）

② 不同場合的擺盤構思

日常	● 悠閒的輕食 ● 每日餐點	
宴客	● Café-lunch ● 時尚的擺盤	
派對	● 家庭樸實感 ● Finger Food	

「日常」B.L.T 三明治‖→ 165 頁

「宴客」B.L.T 三明治 ∥ → 164 頁

「派對」B.L.T 三明治‖ → 165 頁

擺盤解說 B.L.T 三明治

$\mathscr{Scene}$ 宴客 (→ 162 頁)

展現配料，刺激食慾

不破壞三明治的形態，同時又展現了豐富配料的時髦擺盤。

a. 吐司的切法

橫切成四等分。因為份量多，切開可方便享用。

b. 番茄

挑選切口漂亮、符合吐司尺寸的番茄。

d. 彩色小番茄

考量色彩，配置在與顆粒芥末醬對稱的位置。

c. 顆粒芥末醬

味道與色彩的有力點綴。

💬 擺盤重點

活用吐司形狀的同時，也充分展現配料，讓擺盤避免淪於千篇一律。有魅力地展現配料的份量感是重點所在。

器皿挑選重點：擺得下三明治的平面大盤子。

⬝⬝ 應用的基本構圖

配置平衡　平行（傾斜）　➜

⭐ 擺盤順序

土司夾好配料後橫切成四等分，裝盛至盤中，再擺上彩色小番茄和顆粒芥末醬。

𝒮cene 派對 (→ 163 頁)

拋開死板規則的擺盤
用輕鬆的 Finger Food 營造愜意氛圍。

a. **吐司**先對半縱切,再橫切
　　成三等分,完成方形小三
　　明治的大小。
c. **番茄**挑小顆,切成符合吐
　　司塊的大小。

💬 **擺盤重點**

插入牙籤以免三明治散開。與盤子的邊緣平行、協調
地擺上三明治。中間也擺上三明治以取得平衡。

器皿挑選重點:沒有盤緣的大盤子,擺盤空間平整又
寬闊。

⚙ **應用的基本構圖**

點　多個點(圓形)　　　➜　◯

⭐ **擺盤順序**

吐司先塗好奶油與芥末醬後切成小塊,夾入準備好的
配料。插入牙籤以免散開。

𝒮cene 日常 (→ 161 頁)

每天吃也不會膩的簡易風格
用小盤子裝盛料理可強調份量感。具溫暖感的
家庭式印象。

a. **吐司**山形圓弧邊下方約
　　三分之一處橫切,再將
　　剩餘部分斜切成均等的
　　兩份。
b. **顆粒芥末醬**添加在可
　　平衡視覺的位置。
d. **彩色小番茄**用來點綴色彩。

💬 **擺盤重點**

為了增添色彩,使用有別於一般顏色的彩色小番茄。
再加入增添風味的顆粒芥末醬。

器皿挑選重點:挑選盤緣稍微隆起的盤子,避免三明
治掉落。

⚙ **應用的基本構圖**

配置平衡　組合(三角形)　　➜　△

⭐ **擺盤順序**

吐司夾好配料後,在山形圓弧邊下方約三分之一處橫
切,再將剩餘的部分斜切成均等的兩份,放入盤中。
最後再點綴彩色小番茄和顆粒芥末醬。

08_ 甜點

在用餐時光畫下完美句點的甜點，不只具備美味，同時也講求高度的設計性。請自由發揮創意，完成讓人感受視覺震撼的擺盤。

巧克力慕斯

巧克力慕斯是巧克力味濃郁的經典甜點，口感滑順，入口即化，向來是人氣極高的傳統甜點，只要改變外觀，即可大幅改變整體印象。

🍲 Recipe
材料：容易製作的份量
巧克力：65g
奶油：50g
蛋黃：2 顆的量
蛋白：2 顆的量
砂糖：30g

「Tuile 薄烤餅乾」
奶油：50g
糖粉：50g
蛋白：50g
低筋麵粉：40g

〔醬料及其他〕

鮮奶油	杏桃果醬	巧克力醬
荳蔻粉	巧克力粉	細香芹

作法：
1. 巧克力切碎後和奶油一起放入調理碗中，再將隔水加熱溶解的蛋黃加入拌勻。取另一個調理碗將蛋白打至發泡，途中分成兩到三次加入砂糖，完成蛋白馬林糖（Meringue）的製作後，再加入裝有巧克力的碗中拌勻，然後放入冰箱充分冷卻。
2. 製作薄烤餅乾。恢復常溫的奶油與糖粉、蛋白充分攪拌後，加入低筋麵粉拌勻。倒入薄片餅乾用的矩形模具內，用180˚C 烤三到五分鐘。
3. 裝盛至盤中，取適量薄片餅乾、醬料裝飾。

①菜單的考慮重點

・巧克力廣受男女老少的喜愛（人氣食材）
・輕食感（與料理風潮相符的輕量感）
・經典的甜點（安心感）

②不同場合的擺盤構思

日常	●咖啡簡餐風格 ●樸實的擺盤
宴客	●現代風格 ●洗鍊的大人甜點
派對	●輕鬆歡樂風格 ●Finger Food

「日常」巧克力慕斯 ‖ → 171 頁

「派對」巧克力慕斯 ‖ → 170 頁

「宴客」巧克力慕斯 ‖ → 171 頁

Scene 派對 (→ 168 頁)

擺在薄烤餅乾上，變身 Finger Food

在Tuile（薄烤餅乾）上擺放慕斯，
輕輕鬆鬆即可享用的甜點，完成！

g. 巧克力粉

完成時使用，作為
料理的點綴。

a. 巧克力慕斯

放入擠花袋，把慕斯擠
在薄烤餅乾上。

b. 薄烤餅乾

把麵團壓薄拉長後烘烤
而成的餅乾。口感相當
酥脆。

d. 杏桃果醬

略酸的果酸與巧克力
很好搭配。同時具有
增豔效果。

c. 荳蔻粉

具濃厚芳香的高價品，
有香料女王之稱。高雅
清爽的香氣與巧克力很
合。

e. 鮮奶油

與巧克力的顏色形成
對比，替擺盤添色。

f. 巧克力醬

與巧克力慕斯的質感形
成對比，從而衍生立體
感。

h. 細香芹

用香草裝飾甜點，可
帶出色彩、韻律感與
視覺效果。

🗨 擺盤重點

在薄烤餅乾上擺放巧克力慕斯，這種方便取用的
風格最適合派對了。隨意擺放在盤中，表現出動
態感。

器皿挑選重點：為了容納大量的巧克力慕斯，使
用沒有盤緣的平整大盤子很重要。

⭕ 應用的基本構圖

點　多個點（隨機）
色彩　強調（配料〔分散〕）

★ 擺盤順序

將巧克力慕斯擠在薄烤餅乾上，再取適量鮮奶油、杏桃
果醬、巧克力醬、荳蔻粉、巧克力粉、細香芹裝飾。

§cene 日常 （→ 167 頁）

咖啡簡餐風的悠閒小品

受歡迎的簡單時尚擺盤，平常日子裡也能讓用餐氣氛隨之高漲。

a. **巧克力慕斯**用湯匙塑形。

e. **鮮奶油**大量鋪在巧克力慕斯下面。

f. **巧克力醬**以畫圓方式隨意淋在慕斯周圍。

g. **巧克力粉**在完成後灑上。

h. **細香芹**取少量簡單裝飾。

🗨 **擺盤重點**

巧克力醬在慕斯四周多次畫圓。不假修飾的圓形線條營造出溫暖感與動態感。裝飾也很簡單。

器皿挑選重點：在眾多圓形中變化使用方形盤子。挑選小尺寸比較容易運用。

⟨⟩ **應用的基本構圖**

線　圓圈
色彩　強調（配料〔集中〕）

➜

⭐ **擺盤順序**

盤中先鋪上鮮奶油，再於其上擺放巧克力慕斯。然後取適量巧克力醬、巧克力粉、細香芹裝飾。

§cene 宴客 （→ 169 頁）

摩登雅致的擺盤

活用盤子空間完成高雅的成熟甜點。簡單的擺盤與盤子的表現效果極為匹配。

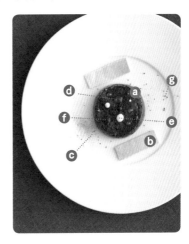

a. **巧克力慕斯**用圓型壓模取型。

b. **薄烤餅乾**配置在彷彿包夾慕斯的位置。

c. **荳蔻粉**少許，灑入盤中。

d.e.f. **杏桃果醬、鮮奶油、巧克力醬**隨機點在慕斯上作為點綴。

g. **巧克力粉**少許，灑入盤中。

🗨 **擺盤重點**

巧克力慕斯用圓型壓模取型，賦予建築結構的印象，形成具現代感的擺盤。沒有過多的裝飾，充分享受空間感。

器皿挑選重點：選用盤緣寬廣的盤子，詮釋空間性。

⟨⟩ **應用的基本構圖**

面　表現「空間」的面
（不同形狀的多個面〔圓形X長方形〕）
點　多個點（隨機）

➜

⭐ **擺盤順序**

巧克力慕斯先用圓型壓模取型。再取適量杏桃果醬、鮮奶油、巧克力醬裝飾。最後撒上荳蔻粉、巧克力粉。

錯視 2

錯視看到的是有別於常理的不同狀態，若能巧妙運用在擺盤中，高度的視覺效果將讓人期待。反過來說，也可能發生不如預期的錯視效果，這點還請格外留意。在此要介紹與長度（直線）圖形有關的三種代表性錯視。

★菲克錯視（垂直水平線的錯視）

相同長度的垂直線，看起來比水平線長。

※十九世紀中葉由 A. Fick 所發現。

圖 1 菲克錯視

★謬勒利亞錯視

下圖中的兩條水平線乍看長度不同，但其實一樣長。畫好等長的兩條線後，兩側附加的圖形會影響視覺判別。一般而言，朝外的圖形會讓線條感覺較長，若是朝內的圖形則感覺較短。

※十九世紀後半由 F.C. Muller-Lyer 所發現。

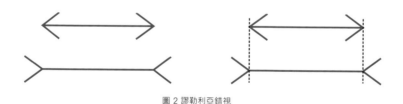

圖 2 謬勒利亞錯視

★波根朵夫錯視

先畫一條斜線，中間再用圖形遮蔽起來，斜線看起來變得不直了。這是因為兩條線產生的銳角被認為比實際上來得大，因此產生錯覺。斜線越接近水平，產生的銳角越接近九十度，此錯覺也會越趨減弱。

※十九世紀中葉由 J.C. Poggendorff 所發現。

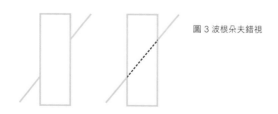

圖 3 波根朵夫錯視

第 4 章
從盤子的變化看擺盤

前面已經談過盤子的樣式對於視覺心理造成的影響，盤子也確實是影響擺盤的一大要素。近來白色盤子很受歡迎，因為不論何種料理裝在白盤裡，都能展現出漂亮的擺盤，不過有時候難免想來點變化。本章將介紹盤緣有雕花的盤子、盤緣有紋樣的盤子、布滿圖案的盤子、形狀特殊的盤子、玻璃材質的盤子，並將同一道料理用不同的盤子做變化呈現，實際比較箇中的差異與擺盤效果。

1. 盤緣有雕花的盤子

不過度強調雕花
而是當作擺盤的設計點綴

想讓白盤有所變化時，建議挑選盤緣有立體浮雕的盤子。沒有顏色的白色盤子可襯托料理，雕花則可作為擺盤設計的延伸，增添更多變化。僅僅只是簡單地把料理裝盛至盤中，呈現的印象就會大幅改變。

用簡單的盤緣圖案 凸顯盤子的形狀	用布滿幾何圖形的盤緣 演繹俐落的印象	盤緣的線條往盤子中央匯聚 同時具有向外拓展的方向性

用盤緣只有一道凹凸壓紋的盤子，替料理增添畫龍點睛之妙。盤子是淡雅的奶油色，給人居家溫暖的印象。

與盤子形狀相同的圓形浮雕布滿盤緣，強調出盤子勻稱的形狀，讓視線集中在盤中央，有效襯托料理。

從盤緣縱向切入的浮雕線條與盤子形狀呈現垂直，讓料理呈現向外拓展的印象。餐點的份量感覺變多了。

嫩煎豬排

即便是家庭式料理，只要使用有別以往的雕花白盤，就能讓料理的印象產生變化。

傾斜的浮雕線條 演繹出優雅的風貌	小型格紋 可活躍於各種場合	大型幾何圖形 讓盤子展現強烈的視覺衝擊

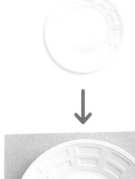

↓　　　　　↓　　　　　↓

盤緣的傾斜線條與邊緣的圓弧線條呈現優雅的印象。視線會自然地落在料理上。

小圖案比較不容易影響盤中的食物，是不論日常生活或正式場合都能使用的時尚盤子，能讓餐點看起來更高級。

因為紋樣較大，視線會有集中在盤子而非料理的傾向。建議用來裝盛震撼力不亞於盤子的料理。

2. 精品風盤緣的盤子

古典雅致的盤緣花紋
提升料理格調，醞釀高級感

中古世紀的歐洲各國爭相貢獻財力製作陶瓷器，打造出優異出色的西式餐具文化。現今也持續受到愛戴的頂級名瓷更是多數人夢寐以求的精品。若不太能接受整個盤面都有圖案的餐盤，不妨先試試只有盤緣有圖案的款式。

高雅的藍色花紋
點綴在部分盤緣上

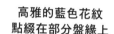

藍色花紋表現出猶如用香草植物或食用花朵裝飾的效果。只要把食物放入盤中，就能演繹出精彩的擺盤。

綠色細線
打造清爽雅致的盤子

綠色是香草植物的顏色，與各式料理都很合得來，邊緣的金線則可營造雅致的氛圍。有效襯托出烤牛肉的紅色。

烤牛肉

大受歡迎的肉類料理，只要簡單的擺盤，就能完成一道散發高級感的佳餚。

**粉紅色與金色的線條
打造高級典雅的優雅餐盤**

**鈷藍色與金色的
奢華設計風格**

盤子的粉紅色線條與烤牛肉的紅色為同一色系，醞釀出柔和氛圍，呈現雅致溫暖的擺盤。

裝飾紋樣搭配奢華金邊，讓人感受到極高的設計性。裝盛在高格調盤子裡的烤牛肉，顯得特別有風格。

3. 北歐風盤緣的盤子

簡單樸實的圖案
演繹出家庭式的輕鬆擺盤

近來,來自北歐的器皿因為功能性與設計性高而備受矚目。受到大自然啟發的個性化溫暖圖案是北歐風器皿的特色。這一類只有盤緣有圖案、擺放食物的盤面為白色的款式,能讓各種料理都顯得更加美觀,通用性很高。

巧克力色與黑色的條紋
打造簡潔的家庭式設計

黑色與黃色的幾何圖形
呈現流行普普風

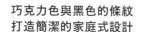

盤子描繪的線條顏色與料理顏色屬同色系,呈現沉穩的氛圍。適用於單純家庭式料理的擺盤。

纖細線條中帶有鮮明的黃色,替料理增添色彩,形塑出活力湧現的擺盤。

漢堡排

輕鬆簡易的料理，能充分發揮北歐風餐盤的表現力。

藍色藤蔓紋樣
營造輕輕拂過的清爽自然風

細膩描繪的藍色紫羅蘭
讓人感受到自然恩惠的盤子

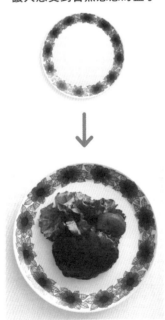

藤蔓紋樣的纖細線條，讓份量滿點的漢堡排瞬間變成溫柔細膩的料理。

盤緣描繪的紫羅蘭一朵朵施以不同深淺，亦不過度強調，與漢堡排呈現良好的協調性。

4. 北歐風盤子

以自然為創作靈感的北歐風圖案
只要擺上料理，就能實現具震撼力的擺盤

幾乎可有效襯托各式料理的白盤，有時難免給人單調的印
象。相對於白盤，整面都有圖案的盤子可賦予新鮮感。圖案
的視覺效果強烈，讓單純的料理顯得光彩奪目。只要擺上料
理，就能完成魄力十足的擺盤。

用褐色線條勾勒
大量迷人玫瑰的雅致餐盤

描繪植物的花與果實
表現大自然的生命力

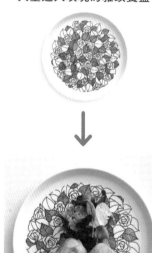

玫瑰圖紋略小於盤面，留存的
白色空間可衍生安心感。褐色
系與食物很好搭配，華麗中帶
有穩重感。

就算只是單純的料理，有魄力
的花紋也能將其詮釋成具震撼
力的摩登擺盤。由於圖案是以
黑色描繪，因此能與任何配色
的料理形成對比，搭配性佳。

馬鈴薯可樂餅

普通的庶民料理只要巧妙運用餐盤，就能顯得豐盛無比。

連葉脈都大膽描繪的葉片圖紋
讓人充分感受到植物的氣息

被大量藍色花朵
完全覆蓋的餐盤

有機葉片圖案規律地反覆排列，呈現宛若幾何學般的設計。植物綻放般的力量讓這道擺盤顯得流行又時尚。

乍看是素色的藍色盤子，細看才發現隱藏其中的可愛花朵，讓擺盤激發大人的玩心。

5. 各種形狀的盤子

將形狀造成的情感聯想
有效地融入擺盤中

餐桌用的盤子多半是圓盤。本書介紹的橢圓盤、方盤、長方盤使用機會雖然也很多，但若想替餐桌增添變化、呈現截然不同的印象時，使用變形盤的效果特別好。前菜、沙拉、甜點，都是變形盤活躍的範圍。

新月盤

新月形的曲線與圓盤很搭
是很受歡迎的款式

用盤子可愛的形狀替餐桌增添變化。盤內的小空間也可充分利用，運用範疇很廣。將餐點少量分裝為兩、三處，可讓擺盤呈現良好的平衡。

三角盤

三角形是基本幾何圖形
給人俐落又安心的印象

這裡介紹的是略帶圓弧的三角形，醞釀出柔和居家氛圍。

熱水澡沙拉（Bagna cauda）

多以既定風格呈現的沙拉，只要善用盤子改變形象，即可賦予新鮮感。

形狀自由的變形盤

活用曲線的奔放感
呈現溫暖的形象

↓

變形盤盤內的玩樂空間多，擺上料理後還有許多空間，可營造從容感。

葉形盤

葉子的形狀讓人聯想到植物
散放的自然溫和感

↓

為了活用盤子的形狀而將料理擺在中間，享受盤子線條帶來的樂趣。可感受到自然溫和的葉片形狀，呈現具安心感的擺盤。

波浪盤

把長方盤變形為流動般的
輕快盤子

↓

長方盤本身有足夠的空間，是具安心感的盤子，再讓盤子的線條呈現波浪狀，則能衍生出流動般的律動感，讓料理呈現輕快的動感。

6. 玻璃盤子

可詮釋清涼效果且具透明感
活用各種盤子的表情，大幅改變餐點印象

想詮釋季節或冷盤料理、甜點等涼爽料理時，不妨使用玻璃盤子。藉由盤子的形狀與設計，改變料理的視覺印象。

簡單的玻璃圓盤
多數料理皆適用的萬用盤

盤緣有雕花
營造俐落形象

不帶有任何色彩、形狀、設計的圓盤，可讓料理展現真實風貌。視線只會集中在料理上，實物大的料理猶如浮雕般浮現眼前。

盤緣規律的浮雕不僅替盤子增添了緊湊感，也讓整道餐點更加凸出。視線會自然望向盤中擺放的料理。

義大利番茄冷麵

炎熱季節裡特別想吃的義大利冷麵。不妨嘗試有別於一般義大利麵的擺盤。

整個盤子布滿雕花
讓透明盤也浮現幾何圖形

手作感的不規則圓盤
呈現溫暖的居家印象

形象堅實的方盤
以透明的素材
塑造貼近料理的印象

↓

↓

↓

帶有些許設計感的玻璃盤,其存在感可充分襯托料理。盤子本身的雕花則可作為擺盤的設計之一,強化料理的演出效果。

圓盤的形狀帶有不規則的輪廓,呈現輕鬆隨興的氛圍,增添盤子的存在感。盤中殘留的氣泡也成為設計的一環,替擺盤點綴增色。

方盤均衡的緊湊感將讓食物顯得風格獨具。玻璃材質讓盤子不過於醒目,而是自然協調地托襯著餐點。

點綴食物滋味與色彩的各式香草植物是擺盤時不可或缺的必需品。盡情享受來自香味與視覺的刺激吧！

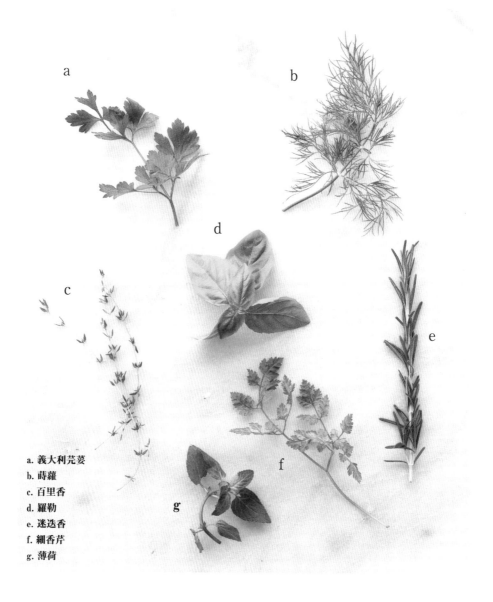

a

b

d

c

e

f

g

a. 義大利芫荽
b. 蒔蘿
c. 百里香
d. 羅勒
e. 迷迭香
f. 細香芹
g. 薄荷

Spice

香料獨特的香味能抑制食物的腥味與菜味，也能增添料理的色
彩。完成時灑上一點，效果極佳。

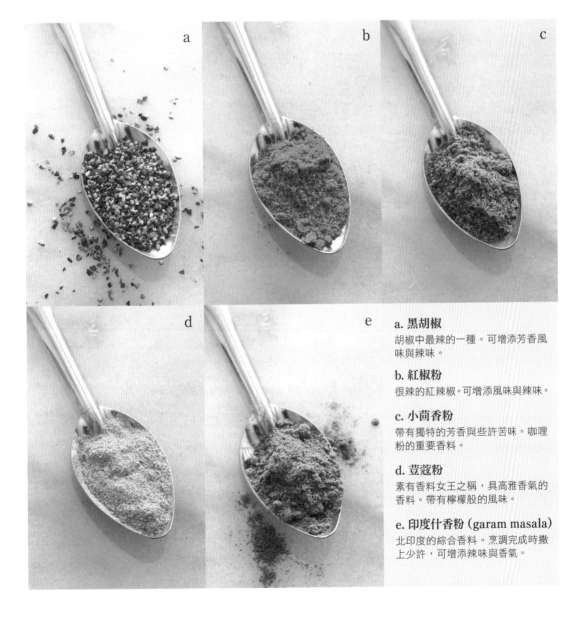

a. 黑胡椒
胡椒中最辣的一種。可增添芳香風
味與辣味。

b. 紅椒粉
很辣的紅辣椒。可增添風味與辣味。

c. 小茴香粉
帶有獨特的芳香與些許苦味。咖哩
粉的重要香料。

d. 荳蔻粉
素有香料女王之稱，具高雅香氣的
香料。帶有檸檬般的風味。

e. 印度什香粉（garam masala）
北印度的綜合香料。烹調完成時撒
上少許，可增添辣味與香氣。

Sauce

醬汁是左右料理味道的重要因素，也可作為替盤子增添設計感的素材，堪稱彰顯料理味道、香氣、視覺的重要關鍵。在此介紹書中料理所用的醬汁。

印度芒果酸辣醬

材料：容易製作的份量
芒果泥：200g
酒醋：2小匙
印度什香粉：1/4小匙
鹽、胡椒：各適量

作法：
所有材料加入調理碗中攪拌均勻。

酪梨奶油醬

材料：容易製作的份量
酪梨：1顆
生奶油：80ml
牛奶：80～100ml
檸檬汁：2小匙
鹽、胡椒：各適量

作法：
1. 酪梨去籽削皮後切成一口大小，淋上檸檬汁備用。
2. 攪拌機中放入生奶油、牛奶、鹽、胡椒，攪拌至濃稠滑順（請根據酪梨大小調整牛奶用量）。

特調黑加侖芥末醬

材料：容易製作的份量
黑加侖芥末醬：100g
生奶油：100ml
胡椒：少許

作法：
所有材料加入調理碗中攪拌均勻。

巴薩米可醋醬

材料：容易製作的份量
巴薩米可醋：240ml
紅酒：100ml
蜂蜜：3 大匙
醬油：1 大匙
黑胡椒：少許

作法：
所有材料加入鍋中，燉煮至份量濃縮成約一半即可。

紅椒酸奶醬

材料：容易製作的份量
紅椒：2 顆
酸奶油：30g
生奶油：70～90ml
鹽：適量

作法：
1. 紅椒剖半後去籽，用烤肉架或烤箱烤熟，去皮切成一口大小。
2. 攪拌機中放入步驟 1 的紅椒、恢復常溫的酸奶油、生奶油、鹽，攪拌至濃稠滑順（請根據紅椒大小調整生奶油用量）。

青花菜酸豆青醬

材料：容易製作的份量
青花菜：1/4 顆
酸豆：15g
橄欖油：5 大匙
檸檬汁：1 小匙
蒜頭：1/4 片
鹽、胡椒：各適量

作法：
1. 青花菜用鹽水燙熟後徹底瀝除水分。蒜頭磨泥。
2. 把步驟 1 與其他材料一同放入攪拌機中，攪拌均勻。

色彩的基礎知識 2

思考色彩的配色時，色彩與色彩的協調性很重要，如：類似色、互補色、色彩的色調相近與否等等。色相環與色調形象有助於判別色彩之間的關係，可用來規劃食材或料理完成後的色彩，或是用餐環境的色彩搭配。

★色相環

色相依序循環排列而成的圖，稱為色相環。在此圓環中，兩兩相對的色彩是互補色，相鄰的色相則是類似色。

★色調形象表

色調是同時思考明度與彩度，也就是色彩的明暗、濃淡、強弱等等。下表列舉的是某個色相的色調差異，其中表示的色調形象，幾乎可適用於所有色相。

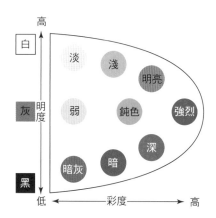

参考文獻

《味道的認知科學～從舌尖到大腦∵～》（味わいの認知科学～舌の先から脳の向こうまで～），日下部裕子、有田和史編，勁草書房

《廣辭林　第六版》（広辞林　第六版），三省堂編輯所編，三省堂

《錯視圖鑑～蒙騙大腦的錯覺世界～》（錯視図鑑～脳がだあされる錯覚の世界～），杉原厚吉，誠文堂新光社

《視覺》（視覚），石口彰，新曜社

《視覺設計》（視覚デザイン），南雲治嘉，Works Corporation

《徹底了解色彩心理—史上最強色彩圖鑑—》（色彩心理のすべてがわかる本—世上最強カラー図鑑—），山脇惠子，Natsumesha

《吃的心理學》（食べることの心理学），今田純雄編，有斐閣選書

《創意設計的基礎訓練：100% 思考圖解力》（デザイン仕事に必ず役立つ図解力アップドリル），原田泰，Works Corporation

《設計的色彩》（デザインの色彩），中田滿雄、北畠耀、細野尚志，日本色研事業

《數學的設計應用》（デザインのための数学），牟田淳，Ohmsha

《設計的文法》（デザインの文法），Christian Leborg，BNN

《點線面》（点と線から面へ），Wassily Kandinsky，中央公論美術出版

《法國料理手冊》（フランス料理ハンドブック），辻調グループ辻静雄料理教育研究所編著，柴田書店

《色彩的藝術》（ヨハネス・イッテン色彩論），Johannes Itten，美術出版社

《臨床營養　美味科學化—現代烹飪學最前線—》（臨床栄養　美味しさを科学する—現代調理学の最前線—），醫齒藥出版

町山千保（まちやま ちほ）

自祐成陽子烹調藝術研討小組畢業後，開始積極為報章雜誌、電視媒體設計食譜和料理，也參與餐廳的菜單規劃。為了追尋嶄新的料理積極走訪國內外，從甜點到正統法式料理都一手包辦，創作的料理充滿了個人美感，深受好評。著有《100% Vitantonio BOOK》（ASPECT出版）、《用矽利康餐具簡單做菜！每天在家做甜甜圈》（小學館出版）等多本著作。

擺盤設計解構全書
6大設計概念 x 94種基本構圖與活用實例

盛りつけの発想と組み立て：デザインから考えるお皿の中の視覚効果

MORITSUKE NO HASSOU TO KUMITATE
DESIGN KARA KANGAERU OSARA NO NAKA NO SHIKAKU KOUKA©CHIHO MACHIYAMA 2014
Originally published in Japan in 2014 by SEIBUNDO SHINKOSHA PUBLISHING CO., LTD.
Chinese translation rights arranged through TOHAN CORPORATION, TOKYO.
and Keio Cultural Enterprise Co., Ltd.
This Complex Chinese edition is published in 2016 by My House Publication Inc., a division of Cite Publishing Ltd.

作者　町山千保（まちやま ちほ）
譯者　吳旻蓁、謝蘭鎂
美術設計　Erin Lee
封面設計　謝捲子
責任編輯　陳詠瑜

發行人　何飛鵬
事業群總經理　李淑霞
副社長　林佳育
主編　張素雯

出版　城邦文化事業股份有限公司　麥浩斯出版
Email　cs@myhomelife.com.tw
地址　104台北市中山區民生東路二段141號6樓
電話　02-2500-7578
發行　英屬蓋曼群島商家庭傳媒股份有限公司城邦分公司
地址　104台北市中山區民生東路二段141號6樓
讀者服務專線　0800-020-299（09:30~12:00；13:30~17:00）
讀者服務傳真　02-2517-0999
讀者服務信箱　csc@cite.com.tw
劃撥帳號　1983-3516
劃撥戶名　英屬蓋曼群島商家庭傳媒股份有限公司城邦分公司
香港發行　城邦（香港）出版集團有限公司
地址　香港灣仔駱克道193號東超商業中心1樓
電話　852-2508-6231　　傳真　852-2578-9337
馬新發行　城邦（馬新）出版集團Cite（M）Sdn. Bhd.（458372U）
地址　11, Jalan 30D/146, Desa Tasik, Sungai Besi, 57000 Kuala Lumpur, Malaysia
電話　603-9056-3833　　傳真　603-9056-2833

總經銷　聯合發行股份有限公司
電話　02-2917-8022
傳真　02-2915-6275
製版印刷　凱林彩印股份有限公司
定價　新台幣420元／港幣140元
2016年02月初版一刷．2022年10月初版11刷．Printed in Taiwan
ISBN　978-986-408-127-1（平裝）

國家圖書館出版品預行編目(CIP)資料

擺盤設計解構全書：6大設計概念 x 94種基本構圖與活用實例｜町山千保著｜吳旻蓁、謝蘭鎂譯｜初版｜臺北市｜麥浩斯出版：家庭傳媒城邦分公司發行｜2016.02｜192面｜18.5X24.7公分｜譯自：盛りつけの発想と組み立て：デザインから考えるお皿の中の視覚効果｜ISBN 978-986-408-127-1(平裝)｜1.烹飪｜427.32｜104028868